AF613720

ISBN 978-3-662-24259-9 ISBN 978-3-662-26372-3 (eBook)
DOI 10.1007/978-3-662-26372-3

Die in den Sitzungsberichten Abtlg. I und Abtlg. II a der math.-nat. Klasse der Österr. Ak. d. Wiss. erscheinenden Abhandlungen werden auch einzeln abgegeben. Sie können durch jede Buchhandlung oder direkt durch die Auslieferungsstelle der Österreichischen Akademie der Wissenschaften (Wien I, Singerstraße 12) bezogen werden.

Nachfolgende Abhandlungen aus dem Fache der **Paläontologie** sind erschienen:

1951 (S I Bd. 160):

Kahler F.: Über die Bruchfestigkeit einiger Typen von Fusulinidenschalen (mit 5 Textabbildungen), 9 Seiten. S 5.—

Kamptner E.: Über das Auftreten der Codiaceen-Gattung Cayeuxia Frollo im Ober-Jura von Ernstbrunn (Niederösterreich) (mit 1 Tafel), 20 Seiten. S 15.60

Papp A.: Charophytenreste aus dem Jungtertiär Österreichs (mit 4 Tafeln und 1 Textabbildung), 14 Seiten. S 10.60

Papp A. und Mandl K.: Insekten aus den Congerienschichten des Wiener Beckens (mit 5 Textabbildungen und 2 Bildern auf einer Tafel), 7 Seiten. S 4.60

Schouppé A.: Beitrag zur Kenntnis des Baues und der Untergliederung des Rugosen-Genus Syringaxon Lindström (mit 2 Textabbildungen), 9 Seiten. S 5.—

Schouppé A.: Kritische Betrachtungen und Revision des Genusbegriffes Entelophyllum Wdk. nebst einigen Bemerkungen zu Wedekinds „Kyphophyllidae" und „Kodonophyllidae" (mit 3 Textabbildungen und 2 Tafeln), 13 Seiten. S 7.40

Schouppé A.: Kritische Betrachtungen zu den Tabulaten-Genera des Formenkreises Thammnopora-Alveolites und ihren gegenseitigen Beziehungen, 15 Seiten. S 6.40

Tauber A. F.: Tripneustes ventricosus austriacus nov. ssp., ein tropischer Seeigel aus dem Torton des Wiener Beckens (mit 1 Tafel und 4 Textabbildungen), 17 Seiten. S 7.80

Thenius E.: Anthracotherium aus dem Untermiozän der Steiermark. Beiträge zur Kenntnis der Säugetierreste des steirischen Tertiärs, VI. (mit 1 Textabbildung), 9 Seiten. S 3.80

Thenius E.: Eine neue Rekonstruktion des Höhlenbären (Ursus spelaeus Ros.) (mit 3 Tafeln), 12 Seiten. S 6.40

Zapfe H.: Dinocyon thenardi aus dem Unterpliozän von Draßburg im Burgenland (mit 9 Textabbildungen), 14 Seiten. S 7.40

Zapfe H.: Die Fauna der miozänen Spaltenfüllung von Neudorf a. d. March (ČSR): Insectivora (mit 15 Textabbildungen), 31 Seiten. S 15.—

1952 (S I Bd. 161):

Bachmayer F.: Fossile Libellenlarven aus mioz. Süßwasserablagerungen (mit 1 Taf.), 5 Seiten. S 3.60

Beier M.: Miozäne und oligozäne Insekten aus Österreich und den unmittelbar angrenzenden Gebieten (mit 2 Textabbildungen und 2 Abbildungen auf einer Tafel), 5 Seiten. S 3.90

Berger W.: Pflanzenreste aus dem miozänen Ton von Weingraben bei Draßmarkt (Mittelburgenland) (mit 15 Textabbildungen), 8 Seiten. S 3.80

Berger W. und Zabusch F.: Die Pflanzenreste aus den obermiozänen Ablagerungen der Türkenschanze in Wien (vorläufiger Bericht), 8 Seiten. S 3.30

Papp A.: Über die Verbreitung und Entwicklung von Clithon (Vittoclithon) pictus (Neritidae) und einiger Arten der Gattung Pirenella (Cerithidae) im Miozän Österreichs (mit 1 Textabbildung und 3 Tafeln), 24 Seiten. S 11.80

Thenius E.: Die Boviden des steirischen Tertiärs. Beiträge zur Kenntnis der Säugetierreste des steirischen Tertiärs, VII. (mit 11 Textabbildungen), 31 Seiten. S 13.10

Weinfurter E.: Otolithen aus miozänen Brack- und Süßwasserschichten des Lavanttales in Kärnten (mit 1 Tafel), 7 Seiten. S 3.20

Weinfurter E.: Die Otolithen aus dem Torton (Miozän) von Mühldorf in Kärnten (mit 1 Textabbildung und 2 Tafeln), 23 Seiten. S 11.80

Weinfurter E.: Die Otolithen der Wetzelsdorfer Schichten und des Florianer Tegels (Miozän, Steiermark) (mit 5 Tafeln), 43 Seiten. S 19.—

1953 (S I Bd. 162):

Bachmayer F.: Die Myriopodenreste aus der altplistozänen Spaltenfüllung von Hundsheim bei Deutsch-Altenburg, Niederösterreich (mit 1 Tafel). S 3.60

Berger W.: Pflanzenreste aus dem miozänen Ton von Weingraben bei Draßmarkt, Mittelburgenland II. (mit 21 Textabbildungen). S 4.60

Berger W.: Die obermiozäne (sarmatische) Flora von Gabbro (Monti Livornesi) in der Toskana. S 5.—

Bernhauser A.: Über Mycelitis ossifragus Roux. Auftreten und Formen im Tertiär des Wiener Beckens (mit 6 Textabbildungen). S 7.20

Papp A. und Küpper K.: Die Foraminiferenfauna von Guttaring und Klein St. Paul (Kärnten). I. Über Globotruncanen südlich Pemberger bei Klein St. Paul (mit 2 Tafeln). S 10.—

Papp A. und Küpper K.: Holothurienreste aus dem Torton des Wiener Beckens (mit 1 Tafel). S 3.—

Papp A. und Küpper K.: Die Foraminiferenfauna von Guttaring und Klein St. Paul (Kärnten). II. Orbitoiden aus Sandsteinen vom Pemberger bei Klein St. Paul (mit 4 Tafeln). S 13.00

Die Actaeonellen der Gosauformation

Von GERHARD POKORNY

(Palaeontologisches Institut der Universität Wien)

Mit 2 Tafeln und 1 Textfigur

(Vorgelegt in der Sitzung am 15. X. 1959)

1. Übersicht und Fragestellung.

Die Actaeonellen sind zwar zeitlich auf die Kreide beschränkt, aber räumlich weit verbreitet. Man kennt sie aus Amerika (Kalifornien, Texas, Mexiko), Asien (Vorderer Orient, Indien), Afrika (Ägypten) und Europa von Portugal bis in den Kaukasus. Trotz weiter Verbreitung und reicher Entwicklung sterben sie mit dem Ende der Kreidezeit plötzlich aus.

Ihre systematische Stellung ist umstritten. Die gebräuchlichsten Handbücher von D'ORBIGNY bis WENZ, also durch hundert Jahre, stellen sie zu den Opisthobranchiern; in allerletzter Zeit erheben sich aber Stimmen, die sie zu den Prosobranchiern zählen. Über ihren Ursprung bestehen nur unbegründete Vermutungen, über ihre Entwicklung hat sich noch niemand geäußert. Ihre systematische Gliederung wurde von D'ORBIGNY, MEEK, COSSMANN, ZEKELI, REUSS, STOLICZKA so verschieden aufgefaßt, daß noch in der neuesten Literatur Umfang der Gattungen und Arten in weiten Grenzen schwanken. Diese Fragen sowie die Möglichkeit einer stratigraphischen Auswertung, die infolge ihres oft bankweisen Auftretens von Bedeutung wäre, sind Gegenstand der vorliegenden Untersuchung.

Die Arbeit stellt den Auszug einer Dissertation dar, die 1957 an der Wiener Universität approbiert wurde. Daß Fragestellung und der größte Teil des Materials vom Paläontologischen Institut der Universität Wien stammen, ist selbstverständlich; dieses hat sich wie immer für die Erfüllung seiner Lehrpflicht jede Danksagung verbeten. Für weitere Hilfe bei der Beschaffung von Originalen und Literatur bin ich dem Naturhistorischen Museum, geolog.-paläontologische Abteilung (Prof. Dr. H. ZAPFE und Kustos Dr. F. BACH-

MAYER), der Geologischen Bundesanstalt (Dir. Prof. Dr. H. KÜPPER und Frau Dr. WIESBÖCK), dem British Museum (Nat. Hist.) in London (Curator Dr. L. R. COX), dem Museum national d'Histoire naturelle (Prof. Jean ROGER) zu besonderem Dank verpflichtet.

2. Systematische Stellung und Ableitung der Actaeonellen.

Die älteren Forscher haben, wie D'ORBIGNY 1842, p. 106 mitteilt, die *Actaeonellen* an die *Auriculiden*, also an Opisthobranchia angeschlossen. D'ORBIGNY selbst vereinigte sie mit *Ringicula*, *Avellana*, *Globiconcha*, *Acteon* und *Volvaria*, also auch mit Opisthobranchiern, und schließt sie an die *Pyramidelliden* an. Er hält sie offenbar für die ursprünglichste Gruppe der Opisthobranchier. Ihm folgt STOLICZKA, der p. 137 zwar Beziehungen zu den Nerineen erwägt, sich aber doch für eine Ableitung von den *Pyramidelliden* entscheidet. Auch COSSMANN hat die Familie der *Actaeonidae* 1895 an den Anfang der Opisthobranchier gestellt, ebenso wie CHOFFAT. WENZ im Handbuch der Paläozoologie 1938 behandelt sie bei den allein erschienenen Prosobranchiern nicht, zählt sie also ebenfalls zu den Opisthobranchiern. Im „Traité de Paléontologie", *2*, p. 437, werden sie aber unter die Prosobranchier gestellt, ohne Angabe von Gründen und ohne Anknüpfung an eine andere Gruppe, als daß sie p. 436 in die Familie der *Orthostomidae*, Superfamilie *Orthostomacea*, und p. 430 mit der Superfamilie *Nerinacea* zusammen in die Gruppe der *Entomataeniata* COSSMANN gestellt werden[1].

Für die Ableitung von den Pyramidelliden wie für die Stellung zu den Opisthobranchiern dürfte, neben der oberflächlichen Gehäuseähnlichkeit mit den letzteren, da dem Paläontologen ja nur Gehäuse zur Verfügung stehen, wohl hauptsächlich der Besitz von Columellarfalten entscheidend gewesen sein. Die Spindelfalten sind aber ein Merkmal, das zwar auffällig ist, aber bei sehr verschiedenen Gruppen auftritt. Also im Verlauf der Stammesgeschichte mehrmals entwickelt wurde, so bei den *Cerithien*, *Cypraeiden*, *Olividen*, *Mitriden*, *Vasiden*, *Volutiden*, *Cancellariiden*, *Marginelliden*, *Turriden* (*Borsonia*), *Terebriden*, *Cassidiiden*, *Bucciniden*, *Pyreniden*, *Galeotiden*, *Nassariiden*, *Fasciolariden*. Sie können daher nicht oder doch nicht allein als Basis der stammesgeschichtlichen Ableitung dienen, dagegen sind Größe und Dickschaligkeit auffällige Merkmale der Actaeonellen, durch die sie sich von allen Opisthobranchiern unterscheiden. Dies sind sicher Merkmale, die sonst nicht hoch gewertet werden; aber sie hängen hier innig mit der Lebensweise

[1] Nachtrag: In der eben erschienenen Zusammenfassung von A. ZILCH, 1959 p. 17, wird die Subfamilie *Acteonellinae* unter den Opisthobranchiern behandelt.

zusammen. Die Dünnschaligkeit, meistens verbunden mit der Kleinheit oder gar Reduktion der Schale, war geradezu Vorbedingung für die pelagische Lebensweise der Opisthobranchier, und es ist kaum anzunehmen, daß sie gerade mit extrem dickschaligen Formen, die noch dazu, wie wir sehen werden, das Brackwasser bevorzugten, begannen. Dazu gab es aber bereits Opisthobranchier seit dem Unter-Karbon (*Acteossina*), und im Ober-Jura waren sie bereits hoch entwickelt. Es ist daher schwer anzunehmen, daß sich aus Hochseeformen in der Kreide plötzlich Brackwasserbewohner entwickelten.

Dies sind die Gründe, warum die Stellung der Familie *Acteonellidae* unter den Prosobranchiern wahrscheinlich erscheint. Gegen die Ableitung von den *Pyramidelliden* spricht deren Kleinheit, die höhere Türmung (Höhe bis sehr hohe Spira) und die fast ausschließlich niedere Mündung (außer *Menestho*). Die *Cerithiaceen* kommen wegen ihrer gestreckten Mündung, mit Siphonalkanal kaum in Betracht. Die *Nerineaceen* haben zum Teil noch hohe Spira, niedrige Mündung, die kurz ausgußartig, aber nie ausgeschnitten ist; oben haben sie bereits den Analsinus mit Nahtband, wie die *Acteonelliden*. Die Gruppen mit Parietal und Palatalfalten kommen natürlich nicht in Betracht. So bleiben nur die Itieriden, mit denen die größte Ähnlichkeit in Gehäuseform und Faltenbild besteht; *Campichia* hat 2, *Brouzetia* sogar 3 Columellarfalten, bei *Campichia* ist die Gewindespitze nie frei, sondern von Jugend an versenkt.

3. Das System der Actaeonellen.

1842, p. 106, begründete D'ORBIGNY seine Familie, die *Acteonidae*; diese ist aber auf *Acteon* begründet, eine sichere Opisthobranchiergattung, die mit *Acteonella* selbst nichts zu tun hat.

Gattung: *Acteonella* (nicht *Actaeonella*)

D'ORBIGNY 1842, p. 107.

Diagnose: „Coquille raccourcie, ventrue ou bulliforme, lisse. Spire envellopée ou non, toujours très-courte, composée de tours très-hauts par rapport à l'ensemble. Bouche étroite, longitudinale, élargie en avant, fortement rétrécie en arrière, où elle forme un léger canal, à tous les âges; aussi les lignes d'accroissement extérieures sont-elles infléchies en arrière, comme dans les Nérinées. Labre tranchant, sans dent ni épaississement; bord columellair fortement encroûté, surtout en avant et en arrière, où il laisse un dépôt calcaire souvent très-prolongé et très-marqué. Columelle armée de trois gros plis, peu obliques, qui se continuent dans l'intérieur."

Gattungstypus: In diese Gattung stellte D'ORBIGNY die Arten: *Tornatella gigantea* Sow., *T. lamarcki* Sow., *Volvaria laevis* Sow., *V. crassa* Duj. und seine *Act. renauxiana.*

Einen Gattungstypus hat er nicht angegeben. Einen solchen nannte erst MEECK 1863 mit *Volvaria laevis* Sow., COSSMANN sagt zwar 1895, p. 74: „Toutefois le type de se genre est la coquille d'Uchaux, dénommé A. laevis par D'ORBIGNY et non celle de Gosau, que ZEKELI indentifée à tort avec l'espèce francaise . . ." und p. 166, 1896: „cela ne modifie pas la denomination du genre, qui aura pour désormais pour néotype A. uchauxiensis nob., c'est-à-dire la coquille que D'ORBIGNY avait en vue, quand il a créé le genre." COSSMANN hat dabei übersehen, daß D'ORBIGNY bei Beschreibung seiner *A. laevis* ausdrücklich p. 110 unter den Namen schrieb: „Volvaria laevis, SOWERBY, MURCHISON 1835. Trans. of the geol. Soc., t. 3, pl. 39, f. 33." Dies ist wohl als eine Verweisung im Sinne des Gutachtens zu den I. R. Z. N., Art. 25a, aufzufassen, außerdem fährt er fort: „Cette belle éspèce, qu'on trouve à Gosau, a été également recueillie par MM. Renaux, Requien et par moi, dans le grès rouge d'Uchaux." Wenn er dann auch *A. uchauxiana* beschrieb, ist mit dem Vorherigen wohl die Gosauform *A. laevis* Sow. als Typus der Gattung *Actaeonella* anzusehen[1]. Die Gattung *Acteonella* wurde 1863 durch MEEK in zwei Gattungen zerlegt. In *Acteonella* D'Orb. mit dem von ihm bestimmten Typus *Volvaria laevis* Sow. und in die Gattung *Trochactaeon* Meek mit dem Typus *Act. renauxiana* D'Orb, an diese gliedert er noch eine Untergattung *Spiractaeon* Meek mit dem Typus *Tornatella conica* Muenster an. Auch COSSMANN behandelte 1895 beide als Gattungen. P. u. G. TERMIER haben 1952 im „Traité de Paléontologie, 2", diese Teilungen alle abgelehnt und verwendeten nur den alten Gattungsbegriff *Acteonella* im Sinne D'ORBIGNYS. Doch ist eine Teilung der Gattung in vollkommen volute und in Formen mit offener Spira wohl gerechtfertigt. Übergänge zwischen beiden fehlen; dann sind die involuten Formen durchwegs kleiner, schmäler, und die drei Spindelfalten beginnen bereits bei den ersten Windungen, während sie bei den offenen Arten (*Trochactaeon*) mit nur einer Spindelfalte beginnen, die sich erst später in drei teilt. Dieser Umstand, den D'ORBIGNY in seine Diagnose von *Acteonella* eingesetzt hatte („trois plis . . . qui se continuent dans l'intérieur") rechtfertigt auch die Bestimmungen von *A. laevis* als Gattungstypus. Ich glaube aber nicht,

[1] Nachtrag: A. ZILCH, Frankfurt a. M., macht uns freundlich darauf aufmerksam (Korrespondenz mit Prof. KÜHN), daß bereits 1846 HERRMANNSEN ausdrücklich sagt: „Typus: *Volvaria laevis* J. de. C. Sow." (Die Arbeit stand uns nicht zur Verfügung.)

daß man deshalb die Gattung *Acteonella* nur auf die involuten Formen beschränken müßte, das hatten, wie die Aufzählung der Arten beweist, weder D'ORBIGNY noch TERMIER im Auge. Da *Acteonella*[1] und *Trochactaeon* zusammen eine wohldefinierte Einheit bilden, D'ORBIGNY in seiner Diagnose auch ausdrücklich vermerkt: „Spire enveloppée ou non" scheint es richtiger, die Gattung *Acteonella* in dem von D'ORBIGNY umrissenen Umfang beizubehalten und die Gattungen *Acteonella* ss. und *Trochactaeon* Meek als Untergattungen zu betrachten. Das hat u. a. auch den Vorteil, daß die vielen Angaben von „großen Actaeonellen" nicht alle in *Trochactaeon* umgetauft werden müssen.

Nicht zu rechtfertigen ist dagegen die Untergattung *Spiractaeon* MEEK 1863, p. 90, da zwischen den Formen mit relativ kurzer und langer Spira alle Übergänge auftreten, mitunter sogar bei ein und derselben Art im Verlauf der Ontogenese. Daher haben bereits STOLICZKA 1868 und COSSMANN 1895, p. 74, diese Untergattung gestrichen. STOLICZKA hat auch 1865 in Unkenntnis der Arbeit von MEEK für den Untergattungsbegriff von *Actaeonella* ss. die Gattung *Volvulina* aufgestellt, den Namen aber bereits 1867 wieder zurückgezogen. Ungültig ist auch *Proteobulla* de Gregoria 1882, weil ihr Typus *P. prima* Degreg. nur auf einen Steinkern beruht, den COSSMANN mit *Acteonella laevis* identifizierte.

Untergattung: *Acteonella.*

MEEK 1863, p. 89 (als Gattung ss.)[2].

Diagnose: „Shell ovate-vulvuliform, rather thick, involute, more or less attenuate above, widest below the middle — entirely without any traces of the spire. Surface nearly smooth. Aperture very narrow, arcuate, equalling the greatest length of the shell, outer lip smooth, generally rather obtuse. Inner lip thickned near the base of the aperture, and twisted outwards so as to form on the columella three prominent revolving folds; also usually a little thickened at the summit of the aperture."

Typus: *Volvaria laevis* Sowerby (ausdrückliche Bestimmung durch MEEK).

Untergattung: *Trochactaeon.*

MEEK 1863, p. 89 (als Gattung)[2].

Diagnose: „Shell turbinate, rather thick; the widest part always above the middle of the body-whorl. Last turn large, rounding

[2] Nachtrag: Erst ZILCH unterscheidet 1959, p. 18, die beiden Gruppen als Untergattungen im hier vertretenen Sinne.

in above, and tapering from near the summit, with more or less convex or ventricose sides, to the base. Spire generally low sometimes scarcely rising above the summit of the body-whorl, or even sunken so as to form an umbilicoid cavity; when prominent, with sides generally concave in outline. Suture sometimes channeled. Surface nearly smooth. Aperture very narrow and long, generally subangular or narrowly rouded below. Outer lip sharp or obtuse, smooth within. Inner lip thickened below, and twisted into three folds, which continue around the columella within the whorls.“

Typus: *Acteonella renauxiana* D'Orbigny (MEEK schrieb „*reynauxiana*“).

Die Gattung *Tornata* Quenstedt.

1884, p. 454.

Diagnose (für die „Riesenformen der Gosau und von Abtenau“): „Sie haben alle auf dem Callus der Spindel drei markierte Falten und eine schmale Mündung, deren dünner Außenrand leicht zerbrach und daher uns selten unverletzt zu Gesichte kommt. Nur das Gewinde wechselt, es liegt mit seinen Umgängen bald in einer Ebene oder tritt bald mehr oder minder hervor.“

Gattungstypus: QUENSTEDT führt, ohne einen Typus zu bezeichnen, als Arten seiner Gattung *Tornata conica* Goldfuß, *Tornata voluta* Münster, *Tornata lamarcki* Sow., *Tornata renauxiana* D'Orbigny an; *Actaeonella laevis*, der Gattungstyp von *Acteonella* scheint nicht auf. Man müßte also eine Art der Untergattung *Trochactaeon* als Typus wählen. Da aber *Trochactaeon* aus dem Jahre 1863 stammt, ist *Tornata* als Synonym von *Acteonella* bzw. *Trochactaeon* einzuziehen. QUENSTEDT, p. 454, lehnt den Namen *Actaeonella* ab, wegen der Endung, „während es doch die Riesen der Familie sind“. Das ist aber nach den I. R. Z. N. kein Grund, den Namen zu verwerfen.

Die Gattung *Transilvanella* Athansiu.

PHILIPPI hatte 1846, p. 23, Taf. 2, Fig. 1a—b, als *Tornatella abbreviata* einige Stücke beschrieben, die ohne Fundortsangabe gekauft waren, deren Herkunft aus alpinen Gosauschichten er aber ohne Angabe von Gründen als gesichert annahm. 1852 beschrieb ZEKELI eine sehr ähnliche Form, p. 43, Taf. 7, Fig. 8 (non fig. 9 in lit.!), als *Actaeonella rotundata*, nur aus Siebenbürgen. 1864 beschrieb STOLICZKA in STUR, p. 48, *Actaeonella abbreviata* aus Siebenbürgen und bildete sie trefflich ab. Er identifizierte sie mit

Philippis Art und wies 1863, p. 48, und 1865, p. 145, darauf hin, daß diese nicht aus Gosau, wohl aber aus dem Leithakalk von Petersdorf (heute Perchtoldsdorf) bekannt sei, wie später gezeigt wird, eine echte *Acteonella*! 1865, p. 42, und 1867, p. 176, zog er diese Art zu *Itieria*.

1915, p. 147, stellte sie Dietrich zu *Phaneroptyxis* mit der Angabe: „Typus aus der Kreide der Gosauformation, Leithakonglomerat von Petersdorf, Siebenbürgen."

Das angebliche Vorkommen im Leithakonglomerat von Perchtoldsdorf wird bei *Actaeonella gigantea* behandelt. Die siebenbürgische Form wurde von Athanasiu 1929, p. 484, Abb. 74, als Typus einer neuen Gattung bestimmt: „Si la creation de ce genre ne saurait être évitée, je proposerai le nom de *Transilvanella*." Was er auf Abb. 75 als *T. lamarcki* darstellte, ist offenbar dieselbe Art, Abb. 74 und 75 stellen die beiden Endglieder der Variationsreihe dar, die bereits Stoliczka 1863, p. 48, Abb. 1, ganz rechts und andererseits ganz links dargestellt hat. Stoliczka scheint auch besser erhaltene Stücke besessen zu haben; während allen späteren Forschern nur stark abgerollte, ohne Außenskulptur vorlagen, bildete er sehr bezeichnende gekörnte Spiralreifen ab. Stephanoff 1931, p. 24, und Ciric 1952, p. 261, Taf. 4, Fig. 9, Taf. 5, Fig. 1—7, Taf. 6, Fig. 1, stellten die Art zu *Itruvia* und fügten ihr als Unterarten *Pyramidella canaliculata* D'Orbigny (1843, p. 104, Taf. 164, Fig. 3—6, bei Stephanoff 1931, p. 23, bei Ciric 1952, p. 261, Taf. 6, Fig. 2—3, 6—8, 11—14, bereits von Stoliczka 1865, p. 145, auf Ähnlichkeit verwiesen) sowie Cirics neue Unterart *minima* (1952, p. 262, Taf. 7, Fig. 1—5) an.

Macovei und Athanasiu hatten 1933, p. 185, *Transilvanella abbreviata* und *T. lamarcki* offenbar nach Athanasiu 1928 zitiert. Givulescu 1951 und 1954f führt sie nicht an. Dagegen beschrieb Mamulea 1953, p. 210, *Transilvanella* aus dem Cenoman (?).

Die Entscheidung, zu welcher Gattung die vorläufig bloß aus Rumänien und Jugoslawien bekannte Art gehört, ist schwierig, weil in der Regel die Außenwand abgerieben ist, daher das Vorhandensein von Palatalfalten nicht beurteilt werden kann. Sicher nachweisbar sind nur eine tiefstehende, kräftige Columellarfalte sowie eine schwächere Parietalfalte, gelegentlich schwache Andeutungen einer Palatalfalte (Stoliczka 1863, p. 48, Abb. 1, links; Ciric, Taf. 5, Fig. 6, Taf. 6, Fig. 12 u. 14). Die deutliche Parietalfalte entfernt die Art von *Itruvia* und spricht mehr für *Phaneroptyxis*.

4. Revision der Actaeonellen der Gosauschichten.

Die ersten Actaeonellen aus Gosauschichten bildete SOWERBY 1831 ab, allerdings ohne Beschreibung. Er stellt für die Funde von SEDGWICK, MURCHISON und AMI BOUÉ 3 Arten auf: *Volvaria laevis*, *Tornatella gigantea* und *T. lamarckii*. D'ORBIGNY übernahm diese 1842 in seine neue Gattung *Acteonella*, wobei er unter dem Namen *A. laevis* eine französische Form beschrieb. Unabhängig davon beschrieb MÜNSTER 1844 in GOLDFUSS „Petrefacta Germaniae" aus Gosauschichten: *Tornatella lamarckii* (= *A. goldfussi*), *T. conica* Münster, *T. subglobosa* Münster (= *A. gigantea*) und *T. voluta* Münster (= *A. lamarcki*).

Eine eigene Bearbeitung der Gosaugastropoden und damit der Gosau-Actaeonellen gab erst ZEKELI 1852. Er beschrieb 9 Arten: *A. gigantea*, *conica*, *lamarcki* (= z. T. *A. gigantea* und *A. goldfussi*), *elliptica* (= *A. goldfussi*), *A. renauxiana*, *voluta* (= *A. lamarcki*), *obtusa* (= *A. goldfussi*), *glandiformis* (= z. T. *renauxiana*, z. T. *goldfussi*), *laevis*. ZEKELIS weitgehende Artentrennung wurde bald heftig kritisiert. REUSS reduzierte seine 9 Arten auf 5: *A. gigantea*, *goldfussi*, *lamarcki*, *renauxiana* und *laevis*, STOLICZKA 1865 gar nur auf 4: *A. gigantea*, *lamarcki*, *conica* und *laevis*; eine so weitgehende Vereinigung ist sicher unberechtigt, wie später bewiesen wird.

MEEK 1863 hat sich mit Gosau-Actaeonellen nicht speziell befaßt. COSSMANN behauptete 1895, p. 148, daß der Typus von *A. laevis* und damit der Gattung *Acteonella*, wie man bis dahin angenommen hatte, das zuerst abgebildete und namengebende Stück SOWERBYS sei; über die dadurch hervorgerufene Verwirrung vgl. bei *A. laevis*. Daß die Actaeonellen vielfach falsch bestimmt wurden, meistens auf Grund nur äußerlicher Ähnlichkeiten, ist selbstverständlich; auch daß dadurch falsche stratigraphische Einstufungen erfolgten, besonders als Turon, das in den echten Gosauschichten vollständig fehlt, vgl. KÜHN 1947, p. 190.

Schließlich wurden einige Formen nur fälschlich aus Gosauschichten angegeben, so eine *A. abbreviata*, bezüglich deren es selbst in dem sonst so ausgezeichneten Fossilium Catalogus 1915, p. 147, heißt: Typus „aus der Kreide der Gosau"; Richtigstellung vgl. Kapitel *Transilvanella*.

Ferner taucht in GUEMBEL 1861, p. 572, eine *Actaeonella reussi* D'Orbigny aus der obersten Kreide von Siegsdorf (Bayern) auf. Sie ist weder beschrieben noch abgebildet und dürfte identisch sein mit *Actaeon blanckenhorni* J. BOEHM 1892, p. 55, Taf. 1, Fig. 21, aus den Pattenauer Mergeln des Gerhardsreit-Grabens und mit *Actaeon reussi* aus Gerhardsreit bei GUEMBEL 1861, p. 557; es ist nur auffällig, daß BOEHM, der die Arbeit GUEMBELS gut kannte, sie bei seiner Art nicht zitiert und *A. reussi* überhaupt nirgends erwähnt.

Die Revision der reichen, in den Museen von Wien, München, Paris und London sowie in zahlreichen Privatsammlungen enthaltenen Funde ergab für die Actaeonellen der Gosauschichten folgende Arten:

Acteonella (Acteonella) laevis Sow.

1831 (*Volvaria laevis*) SOWERBY in SEDGWICK u. MURCHISON, p. 419, Taf. 39, Fig. 33a—b.
1845 (*A. laevis*) REUSS, p. 50, Taf. 10, Fig. 21a—b, p. 113.
1852 (*A. laevis*) ZEKELI, p. 44, Taf. 7, Fig. 11a—d.
1853 (*A. laevis*) REUSS, p. 16.
1859 (*A. obliquestriata*) STOLICZKA, p. 14, Taf. 1, Fig. 16.
1865 (*Volvulina laevis*) STOLICZKA, p. 142.
1887 (*A. laevis*) HOLZAPFEL, p. 83, Taf. 7, Fig. 10a—b.
1895 (*Volvulina laevis*) BOEHM, p. 143, Taf. 15, Fig. 6.
1895 (*A. terebellum*) COSSMANN, p. 148.
1896 (*A. laevis*) COSSMANN, p. 166.
1896 (*A. laevis*) COSSMANN, p. 565.
1900 (*A. laevis*) CHOFFAT, p. 154, 158, 165.
1930 (*A. terebellum*) KÜHN, p. 7.
1942 (*Volvulina laevis*) KLINGHARDT, p. 209.
1954 (*Volvulina laevis*) GIVULESCU, p. 182, 188, 211.
1959 (*A. cf. l.*) CHUBB, p. 745.
non: 1842 (*A. laevis*) D'ORBIGNY, p. 110, Taf. 165, Fig. 2—3 (= *A. uchauxiensis* Cossmann).
1885 (*A. cf. l.*) CHOFFAT, p. 62 (= *A. syriaca*).
1900 (*A. l.*) CHOFFAT, p. 154, 158, 165 (= *A. syriaca*).
1901 (*A. l.*) CHOFFAT, p. 110, Taf. 1, Fig. 6—7 (= *A. syriaca*).
1910 (*A. laevis*) WEINZETTL, p. 51, Taf. 7, Fig. 5.
1911 (*A. laevis*) FRIC, p. 29, Abb. 132 (Kop. WEINZETTL 1910, Taf. 7, Fig. 5).
1940 (*A. l.*) DELPEY, p. 237, Abb. 185.

Arttypus: Das von SOWERBY in SEDGWICK & MURCHISON 1831, Taf. 39, Fig. 33, abgebildete Stück; es war mir durch die Güte des Kurators Dr. R. L. COX zugänglich, da es im British Museum (Nat. Hist.) in London liegt. COSSMANN hat 1895, p. 74, behauptet, daß das der ersten Beschreibung seiner *A. laevis* durch D'ORBIGNY 1842, p. 110, zugrunde liegende Stück als Arttypus anzusehen sei. Da es sich von der Gosauart unterscheidet, gab er dieser den Namen *A. terebellum*. COSSMANN gibt die Unterschiede nicht an, aber REUSS hatte schon 1883, p. 895, ausdrücklich festgestellt, die

Gosauformen unterscheiden sich von den französischen stets durch viel geringere Größe, besonders aber durch viel weniger bauchiges Gehäuse. Bei den französischen Exemplaren verhalten sich die Dicke zur Länge fast wie 1:2, bei jenen aus der Gosau im Mittel wie 1:3—3,5. Später, 1896, p. 166, hat auch COSSMANN eingesehen, daß der Name *A. laevis* bei der Gosauart verbleiben muß. Und er hat die französische Form *A. uchauxiensis*[1] genannt (schon früher in Arbeit Assoc. franc. Congrès de Carthago 1896, die mir nicht zugänglich war). Der Name *A. terebellum* fällt also in die Synonymie von *A. laevis*.

Locus typicus: „Gosau" (nicht näher bezeichnet).

Derivatio nominis: *levis* = glatt (in veränderter, aber eingebürgerter Schreibweise).

Diagnose: SOWERBY hat weder Diagnosen noch Beschreibungen gegeben. Die Diagnose D'ORBIGNYS *A. laevis* ist nicht verwendbar, da trotz des Namens *A. laevis* auf eine andere Art, *A. uchauxiensis* Cossmann, bezogen. Die Diagnose von REUSS 1845, p. 50, ist auf eine schlecht abgebildete Form aus der Kreide von Kutschlin (Böhmen) bezogen, p. 113 erwähnt er sie auch aus dem Cenoman von Korycan, es dürfte sich also um eine andere Form handeln. Wir legen daher die Diagnose ZEKELIS zu Grunde, die wenigstens nach einem Hypotypoid, das auch vom locus typicus stammt, erstellt wurde (ZEKELI 1852, p. 44): „*Actaeonella* testa ovata elongata levigata, spira involuta obtusa; apertura angustata sinuata; columella incrassata tri-plicata."

Bemerkungen: Die Diagnose ZEKELIS ist allerdings zu weit gefaßt, es gibt aber keine bessere. Vor allem fiele die von D'ORBIGNY eingeschlossene französische Form auch in diese Diagnose. Den Unterschied hat aber bereits ZEKELI gefühlt, als er, p. 44, von den alpinen *A. laevis* schrieb: „Dürfte D'ORBIGNYS *A. laevis*, wenn nicht gar seiner *A. crassa* entsprechen, aber weiter jedoch nie so ansehnlich groß, wie bei D'ORBIGNY aus Uchaux und auch anders geformt." COSSMANN hat jedoch bei Aufstellung seiner *A. terebellum* wie auch später seiner *A. uchauxiensis* zwar behauptet, daß dort Unterschiede bestehen, diese jedoch nie beschrieben. Die allgemein hervorgehobene geringe Größe der Gosauformen könnte allein keinen Altersunterschied bedingen, zumal die französische Form im Salzwasser, die alpine jedoch nur in Ablagerungen mehr oder minder brackischen Einschlages vorkommt. Man könnte daher an

[1] Ob die französische Art *A. uchauxiensis* oder *grossouvrei* heißen soll (CHOFFAT 1901, p. 111; ROMAN & MAZERAN 1920, p. 69), muß hier offen bleiben, da die bezügliche Literatur (COSSMANN 1896, A. F. A. S., 25, Session Carthage, p. 245) nicht zugänglich ist.

eine Wachstumshemmung infolge ungünstiger Lebensverhältnisse denken. Der wirklich artliche Unterschied besteht aber in den unverhältnismäßig weniger hervortretenden Columellarfalten sowie in der stets nach außen konvexen letzten Windung, während diese bei der französischen Form stets nur unten bauchig, aber konkav eingewölbt ist. Ein der französischen Art so ähnliches Stück, wie es Zekeli, Fig. 11a, abbildet, habe ich in den Gosauschichten nie gefunden. Eine genauere Artdiagnose müßte daher lauten: „Gehäuse relativ klein, *A. laevis* hat eine Höhe von max. 40 mm, *A. uchauxiensis* müßte mindest 80 mm, *A. crassa* 145 mm sein, äußerste Windung rein konvex, alle anderen umschließend; Columellarfalten deutlich entwickelt, aber nicht wesentlich an der Spindel hervortretend, bereits in den ersten Windungen vorhanden."

Danach fällt die *Actaeonella caucasica* Zekeli nicht in den Artbegriff von *A. laevis*, mit der sie seit Reuss immer vereinigt wurde, sondern in jenen der *A. uchauxiensis*. Die *A. obliquestriata* von der Neualpe wurde von Stoliczka 1865, p. 143, selbst als Bruchstück der *A. laevis* gedeutet. Was Reuss 1845 von Kutschlin in Böhmen als *A. laevis* abbildete ist nicht als solche zu erkennen, ebensowenig die später von Weinzettel 1910 und Fric 1911 abgebildeten Stücke aus dem Cenoman von Korican. Auch die von Holzapfel aus dem Achener Sand abgebildete Form ist keineswegs überzeugend.

Verbreitung: *A. laevis* ist die wohl am meisten zitierte Actaeonellenart. Aus dem Gosautal wird sie meist ohne nähere Fundortangabe verzeichnet. Genannt werden von Reuss die Traunwand, von Felix Russberg, Randotal, Kreuz-, Hochmoos-, Hofer-, Edelbach-, Stöckelwaldgraben, Neu-Alpe, Gschröpfpalfen. Ob die Angaben bei Russbachsag, wo sie mit *Texanites texanus* zusammen vorkommen soll, richtig sind, müssen erst weitere Beobachtungen erweisen, denn es wäre das einzige Vorkommen der Art im Unter-Santon.

Schulz gibt sie, p. 40, aus dem Brandenbergtal in Tirol an. Sie ist ferner in der Neuen Welt (westlich Wr. Neustadt), besonders bei Dreistetten, häufig. Ferner bei Windischgarsten und in der Einöd bei Baden. G. Böhm führt die Art 1894, p. 143, aus dem durch *Hippurites oppeli* und *Plagioptychus arnaudi* gesicherten Senon von Calloneghe an und bildet sie (mit einer Höhe von 38 mm) erkennbar ab, wenn auch seine Beschreibung: „Die Exemplare von Calloneghe stimmen mit dem Gosauvorkommen gut überein" zu dürftig wäre, Givulescu zitiert sie aus obersanton-untercampanen Schichten von Rumänien. Chubb führt 1959, p. 745, eine *A.* „resembling *A. laevis* D'Orb. of the Gosau beds", aus dem Campan von Chiapas, Mexiko, an.

STOLICZKA gab 1865, p. 143, *A. crassa* Duj. westlich von Piesting an und berief sich auf Stücke im Hof-Mineralienkabinett; ich konnte sie im heutigen Naturhistorischen Museum nicht finden, auch Prof. KÜHN und Dr. PLÖCHINGER kennen kein solches Vorkommen. Die Angabe von FELIX 1908, p. 288: „besonders bemerkenswert ist das Vorkommen der riesigen *Volvulina crassa* Stol., welche mir in den Umgebungen von Gosau bis jetzt ausschließlich von hier bekannt geworden ist" (linkes Ufer des Randobaches), ist ebenfalls durch keine Stücke im Wiener Museum belegt und die Fundstelle den Kennern des Gebietes unbekannt. KLINGHARDT führt sie ebenfalls ohne Beschreibung oder Abbildung 1939, p. 137, aus dem Lattengebirge an. Trotzdem kann man das Vorkommen da und dort nicht ausschließen.

Die von G. DELPEY aus dem Turon des Libanon 1940, p. 237, Abb. 185, als *A. l.* bezeichnete Form unterscheidet sich deutlich durch bedeutendere Größe und abgeflachte Flanken; sie ähnelt eher der *A. crisminensis* CHOFFAT.

Acteonella (Trochactaeon) gigantea Sowerby

1831 (*Tornatella gig.*) SOWERBY in SEDGWICK u. MURCHISON, p. 418, Taf. 38, Fig. 9.
1842 (*A. g.*) D'ORBIGNY, p. 109, Taf. 165, Fig. 1.
1844 (*Tornatella g.*) MUENSTER in GOLDFUSS, p. 46, Taf. 177, Fig. 12.
1844 (*Tornatella subglobosa*) MUENSTER in GOLDFUSS, p. 47, Taf. 177, Fig. 13a—b.
1850 (*A. g.*) D'ORBIGNY, p. 220.
1850 (*A. g.*) D'ORBIGNY, p. 220.
1852 (*A. g.*) ZEKELI, p. 39, Taf. 5, Fig. 8a—e.
1852 (*A. lamarcki* non D'ORBIGNY), ZEKELI, p. 40, Taf. 6, Fig. 2—3.
1853 (*A. g.*) REUSS, p. 14.
1860 (*A. g.*) PAUL, p. 16.
1860 (*A. abbreviata* p. p.) STOLICZKA, p. 48 (non Abb. 1, nur Angabe Leithakalk von Perchtoldsdorf).
1865 (*A. g.* p. p.) STOLICZKA, p. 139.
1888 (*A. g.*) HOLZAPFEL, p. 82, Taf. 7, Fig. 12—13.
1896 (*Trochactaeon g.*) COSSMANN, p. 4.
1900 (*Trochactaeon g.*) CHOFFAT, p. 57, 95, 177, ect.
1901 (*Trochactaeon g.*) CHOFFAT, p. 113, Taf. 1, Fig. 20.
1905 (*Phaneroptyxis abbreviata* p. p.) DIETRICH, p. 147 (nur die Angabe Leithakalk von Perchtoldsdorf).
1921 (*Trochactaeon gig.* var. *ventricosus*) HOJNOS, p. 95, Taf. 1, Fig. 2.
1930 (*A. g.*) KÜHN, p. 7.
1933 (*A. g.*) MARCOVEI u. ATHANASIU, p. 182.

1951 (*A. g.*) PASIC, p. 70, Taf. 2, Fig. 5.
1953 (*A. g.*) MAMULEA, p. 244.
1954 (*A. g.*) GIVULESCU, p. 211.
1954 (*A. g. ventricosa*) GIVULESCU, p. 174, 175, 176, 180, 188, 194, 211.
1956 (*A. g.*) ROSENBERG, p. 167.
1959 (*Trochactaeon g.*) MITZOPOULOS, p. 98, Taf. 2, Fig. 2.
1939 (*A. g.*) KLINGHARDT, p. 137.
non: 1910 (*A. g.*) WEINZETTL, p. 50, Taf. 7, Fig. 29—30.
1911 (*A. g.*) FRIČ, p. 28, Abb. 131.
1942 (*A. g.*) DACQUÉ, Taf. 42, Fig. 1 (Kop. ZEKELI 1852, Taf. 7, Fig. 5 = *A. renauxiana*).

Arttypus: Das Original von SOWERBY 1831, Taf. 38, Fig. 9, durch Monotypie, British Museum Nat. Hist. Es ist sehr schlecht erhalten, die Columellarfalten z. B. sind nicht sichtbar, Spira und Öffnung sind beschädigt. Dieses, wie die Originale von D'ORBIGNY, ZEKELI und MUENSTER waren mir durch Entgegenkommen der Sammlungsvorstände zugänglich.

Locus typicus: angegeben „Gosau" ohne nähere Bestimmung.

Derivatio nominis: *giganteus* = sehr groß.

Diagnose: SOWERBY hat keine gegeben; die älteste von D'ORBIGNY lautet (p. 109): „A. testa laevigata, crassa, ventricosa-ornata; spira brevi, angulo 120; anfractibus magnis, convexis, apertura angustata, arcuata. Dimensions: Angle spiral 120°, Longueur totale 95 mm. Hauteur dernier tour par rapport à l'ensemble 90/100. Largeur du dernier tour 61 mm. Coquille épaisse, ventrue, ovale, lisse ou marquée de quelques lignes d'acroissement, dirigée obliquement en arrière. Spira apparente, très courte, formée d'un angle un peu convexe, composée d'un grand nombre de tours très rapprochés, dont le dernier à 90/100 de l'ensemble. Bouche étroite, élargie en avant, très retrécie en arrière. Columelle très epaisse."

Bemerkungen: *A. gigantea* erscheint ausreichend definiert, Zweifel an ihrer Identifizierung sind kaum vorgekommen. REUSS hat bereits MUENSTERS *A. subglobosa* mit ihr vereinigt; auch diese Vereinigung wurde nie bezweifelt, es handelt sich angeblich nur um abgerollte Stücke. STOLICZKA hat zwar außerdem noch *A. lamarcki, renauxiana, obtusa* und *glandiformis* mit *A. gigantea* zusammengezogen, das wurde von allen Autoren als zu weitgehend abgelehnt. Aber auch mit Ausschaltung dieser Formen ist der Umfang von *A. gigantea* fraglich. Zunächst weichen die Abbildungen von SOWERBY und D'ORBIGNY von jenen MUENSTERS, ZEKELIS und vieler anderer ab. Dann ist MUENSTERS *A. subglobosa* nicht einfach eine abgerollte *A. gigantea*, wie es meistens aufgefaßt wurde, sondern bei ihr ist die Spindel wirklich verkürzt, die kugelige Gestalt also primär. Daher erscheint es mir zweckmäßig, diese drei Formen doch, wenigstens als Unterarten, festzuhalten.

Dies ergäbe dann:

a) *Actaeonella (Trochacteon) gigantea gigantea* (Sow.)

1831 (*Tornatella g.*) SOWERBY in SEDGEWICK u. MURCHISON, p. 48, Taf. 38, Fig. 9.
1842 (*A. g.*) D'ORBIGNY, p. 109, Taf. 165, Fig. 1.
1850 (*A. g.*) D'ORBIGNY, p. 220.
1865 (*A. g.* p. p.) STOLICZKA, p. 139.
1888 (*A. g.* p. p.) HOLZAPFEL, Taf. 7, Fig. 13.
1896 (*Trochacteon g.*) COSSMANN, p. 4.
1902 (*Trochacteon g.*) CHOFFAT, Taf. 1, Fig. 18—19.

Typus: Das Exemplar SOWERBYS 1831, Taf. 38, Fig. 9, British Museum Nat. Hist. London durch Monotypie.

Locus typicus: „Gosau".

Diagnose: Gehäuse hoch gleichmäßig gewölbt; Spira im Umriß gleichmäßig in die letzte Windung übergehend.

Verbreitung: Portugal, Frankreich, Aachener Sand, Gosautal, Gams, Hieflau, Neue Welt (Dreistetten, Meiersdorf), Grünbach.

HOLZAPFELS Fig. 12 dürfte zu der *A. transilvanica* Hojnos gehören.

b) *Acteonella (Trochactaeon) gigantea ventricosa* Hojnos

Taf. 2, Fig. 5—6.

1844 (*A. g.*) MUENSTER, p. 46, Taf. 117, Fig. 12.
1852 (*A. g.*) ZEKELI, p. 39, Taf. 5, Fig. 8a—e, Taf. 6, Fig. 2—3.
1853 (*A. g.*) REUSS, p. 14.
1902 (*A. glandiformis, A. cossmanni*) CHOFFAT, Taf. 1, Fig. 20—24.
1921 (*A. g. ventricosa*) HOJNOS, p. 95, Taf. 1, Fig. 3.
1921 (*Trochactaeon cossmani* var. *obesus*) HOJNOS, Taf. 1, Fig. 2.

Typus: Das Exemplar von MUENSTER 1844, Taf. 177, Fig. 12. Staatssammlung für Paläontologie und Hist. Geologie, München. Hier bestimmt.

Locus typicus: „Wienerisch Neustadt".

Diagnose (HOJNOS 1921, p. 95): „Gehäuse dick im oberen Drittel aufgedunsen, rettigförmig, von einer Skulptur keine Spur zu sehen. Spira kaum über den sie umhüllenden letzten Umfang aufragend."

Verbreitung: ? Portugal, Siebenbürgen, Gosautal, Hieflau, Neue Welt. „*Trochactaeon cossmanni* var. *obesus*" Hojnos dürfte ein Jugendstadium von *A. g. ventricosa* darstellen.

c) *Acteonella (Trochactaeon) gigantea subglobosa* Muenster (Taf. 1, Fig. 3.)

1844 (*Tornatella subglobosa*) MUENSTER in GOLDFUSS, p. 47, Taf. 177, Fig. 13a—b.
1850 (*A. subglobosa*) D'ORBIGNY, p. 220.
1853 (*A. g.* p. p.) REUSS, p. 14.
1860 (*A. g.*) PAUL, p. 16.
1860 (*A. g.* p. p.) STOLICZKA, p. 48, non Abb. 1.
1865 (*A. g.* p. p.) STOLICZKA, p. 139.
1915 (*Phaneroptyxis abbreviata* p. p.) DIETRICH, p. 147.
1956 (*A. g.* p. p.) ROSENBERG, p. 167.

Typus: Das Exemplar von MUENSTER 1844, Taf. 157, Fig. 13a—b, Staatssammlung für Paläontologie und Hist. Geologie, München (durch Monotypie).

Locus typicus: Grünbach (wörtlich „Grumbach an der Wand").

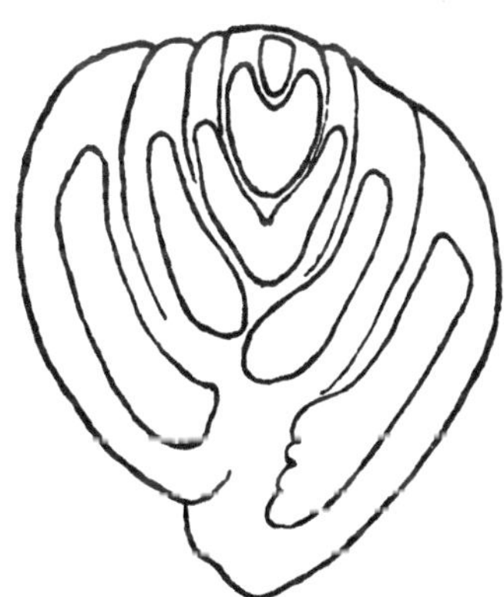

Abb. 1. *Acteonella gigantea subglobosa* Muenster. Typus, Längsschnitt, etwas schräg. Natürliche Größe. Zeigt die verkürzte Spindel.

Diagnose (MUENSTER 1844, p. 47): „*Tornatella* testa ovato-subglobosa laevi, spira depressa, plicis columellae? Eiförmig, kugelig, mit eingedrücktem aus 6 Umgängen bestehendem Gewinde und kugeliger letzter Windung. Die Falten der Spindel sind bei dem vorliegenden Exemplar nicht sichtbar." Daß diese Form zu *A. gigantea* gehört, hat bereits REUSS 1853, p. 15, ausgesprochen.

Verbreitung: Grünbach, Neue Welt, Einöd bei Baden, Kaltenleutgeben, sekundär im miozänen Konglomerat bei Perchtoldsdorf. Hieher gehören auch jene Stücke, die früher mit der als *Acteonella* beschriebenen *Phaneroptyxis abbreviata* Phil. aus Siebenbürgen vereinigt und aus dem Leithakalk von Perchtoldsdorf geführt worden waren.

Uns betrifft hier nicht das siebenbürgische, sondern nur das angebliche Vorkommen bei Petersdorf, heute Perchtoldsdorf bei Wien.

PHILLIPPI hat es noch nicht erwähnt, erst STOLICZKA berichtet 1863, p. 48, daß sie in Siebenbürgen und im Leithakalk bei Petersdorf vorkommen. Auch 1865, p. 145, erwähnt er sie aus dem Leithakalk von Petersdorf, auch daß sie oft kugelig oder oben flachgedrückt sei. Vorher hatte schon PAUL 1860, p. 16, bei Perchtoldsdorf zwischen Dolomit und tertiärem Leithakalk gepreßte Exemplare von *Acteonella gigantea* angeführt. STUR hat auf seiner geol. Karte hier Gosaukonglomerate als schmale Streifen zwischen Leithakonglomerat und triadischem Dolomit eingezeichnet, eine Auffassung, die von TOULA 1905, p. 267, widerlegt wurde. GRENGG und WITTEK fanden aber 1930 sowohl am Hang des Sonnenberges wie zwischen großem Flössel und Josefswarte die von TOULA 1905, p. 265—267, angegebenen anstehenden dunklen, etwas sandigen und bituminösen Actaeonellenkalke; sie erwähnen, p. 423, „massenhaft Actaeonellen".. und „viele gequetschte" Acteonellen. ROSENBERG hat sie 1956, p. 167, neuerlich als *Act. gigantea* bestimmt, auch die Art ihrer

---

Erklärung zur nebenstehenden Tafel 1

Fig. 1. *Acteonella goldfussi* D'Orb. Typus. Neue Welt, N.-Ö. Staatssammlung f. Pal. u. histor. Geol. München. Natürliche Größe. Zeigt die schwache Skulptur.

Fig. 2. *Acteonella renauxiana* D'Orbigny, Arttypus. Université de Montpellier, Lab. de Géol. Zeigt die von *A. renauxiana* ROMAN u. MAZERAN (non D'Orbigny) 1920, Abb. 21 abweichende Gestalt.

Fig. 3. *Acteonella gigantea subglobosa* Muenster. Typus. Grünbach. Staatssammlung f. Pal. u. histor. Geol. München. Natürliche Größe.

Fig. 4. *Acteonella conica* Muenster. Typus. Abtenau. Staatssammlung f. Pal. u. histor. Geol. München. Natürliche Größe. Zeigt die schwache Skulptur.

1
4
2 a
2 b
3

Verdrückung beschrieben. Nur durch diese kommt die äußerliche Ähnlichkeit mit *Phaneroptyxis abbreviata* zustande.

Durch Herrn Rosenberg und mehrere andere Geologen erhielt ich Exemplare sowohl aus dem anstehenden Gosauacteonellenkalk beim Buch-Brünnel, südl. Kaltenleutgeben, als auch aus aufgearbeitetem Act. Kalkblöcken des Tertiärs von Perchtoldsdorf.

Wenn auch das Gestein im Tertiär etwas gelblicher ist als in der Gosau, sind die Acteonellen doch ganz gleich, auch die Verdrückung ist dieselbe. Im Inneren sind in der Regel die Bruchstücke etwas verschoben ins Sediment eingebettet, doch findet man auch fast unverletzte Stücke. Diese zeigen durch die Verkürzung der Spindel und die dadurch kugelige Gestalt in der Regel die Zugehörigkeit zu *A. gigantea subglobosa*, doch wurden auch vereinzelte Stücke von *A. gigantea ventricosa* gefunden, z. B. Perchtoldsdorfer Heide nächst Lohnsteinstr. (Coll. Dr. Plöchinger).

Gesamtverbreitung von *A. gigantea*: Viele Angaben konnten nicht überprüft und so ihre Zugehörigkeit zu einer oder der anderen Unterart nicht entschieden werden. Insgesamt wurden *A. gigantea* s. l. genannt von: Gosautal (bes. Wegscheidgraben, Paß Gschütt, Brunnloch), Gams, Hieflau, Grünbach, Neue Welt (Meiersdorf, Dreistetten), Lattengebirge, Einöd bei Baden, Kaltenleutgeben, sekundär Perchtoldsdorf.

Acteonella (Trochacteon) renauxiana D'Orb.

1842 (*A. r.*) D'Orbigny, p. 108, Taf. 164, Fig. 7.
1850 (*A. r.*) D'Orbigny, p. 191.
1852 (*A. r.*) Zekeli, p. 41, Taf. 7, Fig. 1—5.
1852 (*A. glandiformis*) Zekeli, p. 43, Taf. 7, Fig. 9 a—b (non c).
1853 (*A. r.*) Reuss, p. 16.
1861 (*A. r.*) Guembeli, p 572.
1865 (*A. gigantea* p. p.) Stoliczka, p. 139.
1884 (*Tornata r.*) Quenstett, p. 457, Taf. 202, Fig. 126—127.
1887 (*A. gigantas*) Holzapfel, p. 82, Taf. 7, Fig. 12—13.
1902 (*Trochactaeon glandiformis*) Choffat, p. 113, Taf. 1, Fig. 21.
1939 (*A. r.*) Klinghardt, p. 137.
1942 (*A. gigantea*) Dacqué, Taf. 42, Fig. 1 (Kop. Zekeli 1852, Taf. 7, Fig. 5).
1954 (*A. renauxiana*) Givulescu, p. 211.
1956 (*A. cf. renauxiana*) Brunn, p. 123 (Turon des Kaukasus).
non: 1920 (*A. r.*) Roman u. Mazeran, p. 70, Abb. 21.
1940 (*A. r.*) Delpey, p. 235.

Arttypus: Das von D'ORBIGNY 1842, Taf. 164, Fig. 7, abgebildete Stück der Coll. RENAUX. Es galt bisher als verschollen[1], wurde aber durch die Hilfsbereitschaft der Professoren ALLOITEAU und AVIAS in der Sammlung des Laboratoire de Geologie der Universität Montpellier aufgefunden und zur Verfügung gestellt. Es ist, wie D'ORBIGNY selbst hervorhebt, schlecht erhalten, aber nicht so schlecht, wie ROMAN u. MAZERAN meinen; denn es ist kein Steinkern, die Schale ist erhalten, wenn auch ziemlich gleichmäßig abgerieben. Die Abbildung D'ORBIGNYS ist zwar verschönert und ergänzt, aber doch richtig, vgl. meine Photos Taf. 1, Fig. 2 a–b mit der Zeichnung bei D'ORBIGNY. Das Photo in ROMAN u. MAZERAN, p. 70, Abb. 21, weicht dagegen beträchtlich ab[2]. Es unterscheidet sich von *A. renauxiana* vor allem durch die weit höhere Spira und die stark gewölbten Flanken sowie die unten verbreiterte Mündung und stellt sicher eine andere Art dar. Auch die Beziehung auf ZEKELI ändert daran nichts, dessen Abbildungen zeigen vielmehr die echte *A. renauxiana.*

Locus typicus: Uchaux (Vaucluse).

Derivatio nominis: nach M. RENAUX, Mitarbeiter von A. D'ORBIGNY.

Diagnose (D'ORBIGNY 1842, p. 108): „testa laevigata, subconica, antice acuminata, postice dilatata; spira, angulo, excavata; anfractibus magnis, postice subcarinatis, primis apice acutiusculis; apertura angustata; columella triplicata. Dimensions: Angle antérier 40⁰ longeur totale 70 mm largeur 40 mm hauteur du dernier tour par rapport à la ensemble 84/100.

Bemerkungen: Die Art ist nicht immer leicht von *A. gigantea ventricosa* zu unterscheiden. Doch hat sie stets abgeflachte Flanken gegenüber der gleichmäßigen Rundung der *A. gigantea* eine deutliche (bei D'ORBIGNY etwas übertriebene) Verschmälerung nach

[1] ROMAN u. MAZERAN 1920, p. 70: „Le type ... aujourd'hui disparue."

[2] Obwohl ROMAN u. MAZERAN, p. 70, ausdrücklich sagen: „Nos échantillons doivent sans aucune hésitation être rapportés à cette espèce." Auch bei ZILCH 1959, S. 19, Mb. 50.

Erklärung zur nebenstehenden Tafel 2

Fig. 5. *Acteonella gigantea ventricosa* Hojnos. Hieflau. Längsschnitt durch den oberen Teil der Spira. Vergrößerung. Zeigt Lamellenbildung.

Fig. 6. *Acteonella gigantea ventricosa* Hojnos. Brandenberg. Pal. Inst. Univ. Wien. Natürliche Größe. Zeigt „Natürliche Färbung" und Druckdeformation.

Fig. 7. *Acteonella lamarcki* Sow. Brandenberg. Naturhistor. Museum, geol.-pal. Abt. Natürliche Größe. Zeigt Zickzack-Schalenzeichnung.

Phot. Pal. Inst. Univ. Wien.

5

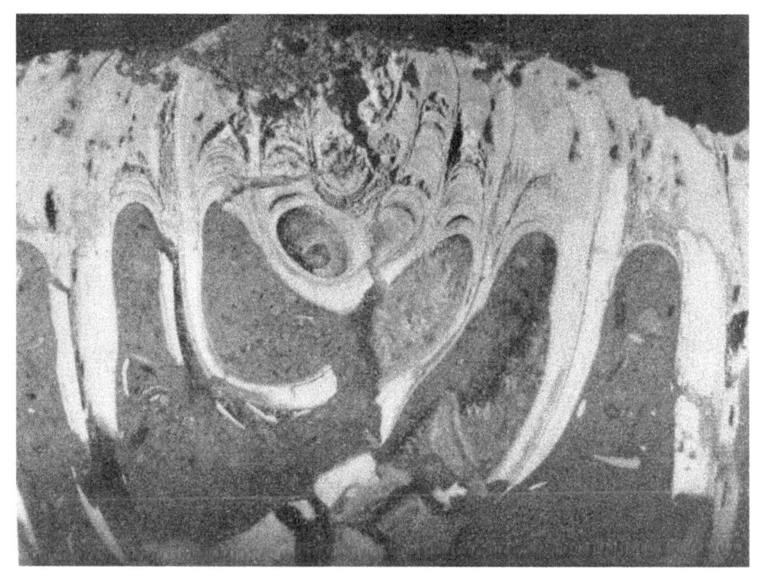

6

unten, ferner sind ihre Windungen, wenn entwickelt, höher und steiler, die Spindelfalten sind weniger scharf und nehmen eine geringere Höhe ein. Von der ebenfalls nahestehenden *A. lamarcki* unterscheidet sie sich auch durch die abgeflachten Flanken, vor allem durch die Konkavität der ganzen Spira, deren Umriß bei *A. lamarcki* stets außen gerade kegelig oder konvex verläuft. Eine so weitgehende Zusammenziehung, wie sie STOLICZKA vornahm, der *A. gigantea* mit *A. renauxiana*, *A. lamarcki* (natürlich auch mit *A. glandiformis* und *obtusa*) vereinigte, läßt sich m. E. nicht verantworten. Das reiche Material, das mir zur Verfügung stand, führte keine Übergangsglieder zwischen den genannten drei Arten.

Ob die von MAMULEA 1953, p. 245, als *A. glandiformis* bezeichneten Stücke zu *A. renauxiana* oder zu *A. goldfussi* oder überhaupt zu einer von beiden Arten gehören, läßt sich mangels Abbildung und Beschreibung nicht beurteilen.

Vorkommen: Frankreich?, Portugal, Aachener Sand, Rumänien, Zlatiborgebirge in Serbien, Griechenland, Kaukasus, Brandenburg (nach GUEMBEL), Gosautal, Gams, Neue Welt. Besonders häufig im Schneckengartel bei Dreistetten bei Grünbach und Einöd bei Baden.

Acteonella (Trochactaeon) lamarcki Sow.
(Taf. 2, Fig. 7.)

1831 (*Tornatella lamarcki*) SOWERBY in SEDGWICK and MURCHISON, p. 418, Taf. 39, Fig. 16.
1842 (*Actaeonella laevis*) D'ORBIGNY, p. 108.
1844 (*Tornatella voluta*) MUENSTER in GOLDFUSS, p. 47, Taf. 177, Fig. 14.
1846 (*Tornatella voluta*) HAIDINGER, p. 47.
1850 (*A. l.*) D'ORBIGNY, p. 220.
1850 (*A. voluta*) D'ORBIGNY, p. 220.
1852 (*A. voluta*) ZEKELI, p. 42, Taf. 7, Fig. 6a—d.
1853 (*A. l.*) REUSS, p. 15.
1865 (*A. l.*) STOLICZKA, p. 140.
1884 (*Tornata l.*) QUENSTEDT, p. 456, Taf. 202, Fig. 122, 128, 130.
1884 (*Tornata voluta*) QUENSTEDT, p. 455, Taf. 202, Fig. 123.
1906 (*A. voluta*) DACQUÉ, p. 668, Taf. 18, Fig. 4—7.
1921 (*A. voluta*) DACQUÉ, p. 185, Abb. 54 (Kop. DACQUÉ 1906).
1924 (*A. l.*) SCHREMMER, p. 207, Taf. 1, Fig. 1—3.
non (*Actaeonella-Transilvanella l.*) ATHANASIU 1929, p. 484, Abb. 75 (= *Phaneroptyxis abbreviata* Phil.).

Arttypus: Das von SOWERBY 1831, Taf. 39, Fig. 16 ohne Beschreibung abgebildete Stück, British Museum Nat. Hist. London.

Locus typicus: Gams.

Derivatio nominis: nach J. P. DE LAMARCK.

Diagnose: SOWERBY hat keine Beschreibung gegeben, ebenso D'ORBIGNY, der die Art nur aus der Gosau angibt, da sie in Frankreich nicht vorkommt. So ist die erste Beschreibung jene von MUENSTER in GOLDFUSS 1844, p. 47.

„*Tornatella* testa ovata — turbinata laevi, spira exserta acuta, ultimo anfractu obconico spira duplo longiora, columella triplicata."

Bemerkungen: Arttypus ist schlecht erhalten. Spitze und Mündung sind abgebrochen, die Windungen der Spira abgeschliffen; doch kann man feststellen, daß das Stück zu keiner anderen Art gehören kann. Denn diese ist nicht zu verkennen, infolge ihrer im Verhältnis zu den anderen Arten geringen Größe, der Höhe der Spira, die etwa ein Drittel, manchmal fast die Hälfte der Gesamthöhe ausmacht, der relativ hohen treppenförmig abgesetzten Umgänge und ihrer geringen Breite. Durch letztere unterscheidet sie sich von allen anderen Trochactaeonarten. Daß die größte Breite gerade in der Mitte der Höhe liegt und nicht darüber, hat sie mit *A. goldfussi* gemeinsam. Durch den gerade-kegelförmigen Umriß der Spira unterscheidet sie sich von den beiden nahestehenden Arten, da diese bei *A. renauxiana* konkav, bei *A. goldfussi* konvex ist. Daß *A. voluta* zu *A. lamarcki* gehört, hat bereits REUSS 1853, p. 16, ausgesprochen. STOLICZKA bezweifelt dies zwar 1865, p. 140: denn sie hat ein viel breiteres Gewinde, konvexe, nicht abgesetzte Umgänge, die unterhalb der Naht sich stark erweitern. MUENSTERS Typus ist aber ähnlich abgescheuert wie jener SOWERBYS von *A. lamarcki*, zeigt daher auch dieselbe Konvexität und den Mangel der stufenweisen Absätze. Das Gewinde hat einen Durchmesser $<$ 2h, denselben wie das einzige erwachsene Stück von ZEKELI, Taf. 7, Fig. 6a (das Stück SOWERBYS ist abgebrochen, kann daher nicht zum Vergleich herangezogen werden). Die Jugendexemplare (ZEKELI, Taf. 7, Fig. 6b—d) sind wie bei allen Actaeonellen schmäler. Ein besonders gut erhaltenes Stück zeigt auf der Außenschichte eine deutliche Zickzack-Zeichnung (Taf. 2, Fig. 7).

Vorkommen: Brandenberg (von hier dürften auch die mit „Schwaz" bezeichneten Stücke herstammen), Gosaubecken, Sankt Wolfgang, Gams, Hieflau, Länd bei Lunz, N.-Ö., Neue Welt (bes. Meiersdorf, Dreistetten), Grünbach. Von BRUNN 1956, p. 117, als *A. obtusa* aus dem Cenoman von Griechenland angegeben. Die von

Athanasiu 1929, p. 327, und 1884, Abb. 75, als *Transilvanella lamarcki* geführte Form ist nur eine Extremform von *Phaneroptyxis abbreviata*, wie sie bereits Stoliczka 1863 abgebildet hatte.

Acteonella (Trochactaeon) conica Muenster

(Taf. 1, Fig. 4.)

1844 (*Tornatella c.*) Muenster in Goldfuss, p. 46, Taf. 177, Fig. 11.
1850 (*A. c.*) D'Orbigny, p. 220.
1852 (*A. c.*) Zekeli, p. 40, Taf. 6, Fig. 1, Fig. 6.
1861 (*A. c.*) Guembel, p. 572.
1863 (*A. c.*) Stoliczka in Stur, p. 147.
1865 (*A. c.*) Stoliczka, p. 140.
1884 (*Tornata c.*) Quenstedt, p. 454, Taf. 202, Fig. 124—125.
1933 (*A. c.*) Marcovei u. Athanasiu, p. 182.
1935 (*A. c.*) Spengler in Wähner-Spengler, p. 93, 200.
1954 (*A. c.*) Givulescu, p. 211.
1937 (*A. c.*) Weigel, p. 22.

Arttypus: Das Original zu Muenster in Goldfuss, Taf. 177, Fig. 11, in der Staatssammlung für Paläontologie und hist. Geologie in München.

Locus typicus: „Abtenau".

Derivatio nominis: conicus = kegelförmig, bezieht sich auf die Spira.

Diagnose (Muenster in Goldfuss 1844, p. 46): „*Tornatella* testa ovato — elongata subgradata, spira exserta ultimo anfractu fere aequali, anfractibus subconvexis ad suturam angulato — marginatis, striis longitudinalibus crebris, columella triplicata."

Bemerkungen: Im Gegensatz zu den übrigen Gosauarten ist bei *A. conica* die Spira fast immer so groß wie der letzte Umgang, wodurch sie eine auffällig schlanke Form erhält. So groß wird die Spira auch bei *A. goldfussi* niemals. Stoliczka hat behauptet, daß das Original Muensters mit jenem Zekelis nicht identisch sei, nach Vergleich der beiden Originalstücke aber mit Unrecht; das Exemplar Muensters ist zwar stark abgerollt, die Übereinstimmung mit jenem Zekelis ist aber nach den oben beschriebenen Eigenheiten nicht zu verkennen. Der Typus zeigt Andeutungen einer narbigen Skulptur (Taf. 1, Fig. 4); sie findet man bei anderen Stücken nicht und sie dürfte wohl auf den eigenartigen Erhaltungszustand zurückzuführen sein. Dagegen kann man *A. voluta* und *A. elliptica* nicht, wie es Stoliczka wollte, mit *A. conica* vereinigen; *A. voluta* gehört zu *A. lamarcki*, *A. elliptica* zu *A. goldfussi*, wie bei diesen Arten bereits angeführt wird.

Vorkommen: Siebenbürgen, Brandenberg in Tirol, Russbachtal und Traunwand bei Abtenau, Piesting, Grünbach.

Acteonella (Trochactaeon) goldfussi D'Orb.

(Taf. 1, Fig. 1.)

1844 (*Tornatella lamarcki*) MUENSTER in GOLDFUSS, p. 46, Taf. 177, Fig. 10.
1850 (*A. g.*) D'ORBIGNY, p. 220.
1852 (*A. lamarcki* p. p.) ZEKELI, p. 40, Taf. 6, Fig. 4—5.
1852 (*A. obtusa*) ZEKELI, p. 42, Taf. 7, Fig. 7.
1852 (*A. elliptica*) ZEKELI, p. 41, Taf. 6, Fig. 7.
1852 (*A. glandiformis* p. p.) ZEKELI, p. 43, Taf. 7, Fig. 9c (non a—b).
1853 (*A. g.*) REUSS, p. 15.
1861 (*A. elliptica, A. obtusa*) GUEMBEL, p. 572.
1924 (*A. gigantea,* entsprechend ZEKELI 1852, Taf. 6, Fig. 5) ALBRECHT, p. 301.
1933 (*A. g.*) MACOVEI u. ATHANASIU, p. 182.
1954 (*A. g., A. elliptica, A. obtusa*) GIVULESCU, p. 211.
1956 (*A. obtusa*) BRUNN, p. 117, Taf. 14, Fig. 3.
1959 (*Trochactaeon cf. g.*) MITZOPOULOS, p. 90.
non: 1940 (*A. obtusa*) DELPEY, p. 232, Taf. 11, Fig. 9.

Arttypus: Das Exemplar MUENSTERS, Taf. 177, Fig. 10, Staatssammlung für Paläontologie und hist. Geologie in München.

Locus typicus: „Wienerisch Neustadt" (wahrscheinlich Dreistetten).

Derivatio nominis: nach August GOLDFUSS, Verfasser der „Petrefacta Germaniae".

Diagnose (MUENSTER in GOLDFUSS 1844, p. 16): „Tornatella testa ovali laevi, spira exserta ultimo anfractu dimido breviore, anfractibus tuberculatis submarginatis columellae triplicata."

Bemerkungen: Die große plumpe Form ist an den konvexen, weit übergreifenden Windungen leicht kenntlich. Die Spira ist meistens so hoch, wie der letzte Umgang. Der Apikalwinkel liegt zwischen 70 und 80 Grad. Die Höhe ist etwas geringer als der doppelte Durchmesser.

A. conica, die meist mit der Art zusammengezogen wurde, gehört sicher nicht dazu, sie ist durch geringeren Durchmesser und weit höhere, schärfer abgesetzte Windungen deutlich unterschieden. Dagegen gehören sicher manche in der Literatur als *A. gigantea* angegebenen Formen hieher.

Der Arttypus zeigt auf dem vorletzten Umgang auf einer Seite zwei Reihen von großen, flachen Höckern. Das Stück ist aber stark angewittert, so daß MUENSTER selbst an der Arteigentümlichkeit dieser Skulptur zweifelt. Jedenfalls liegen uns Stücke vor, die sonst ganz dieser Art entsprechen, aber keine Spur der Skulptur zeigen. Ähnliche Spuren findet man auch gelegentlich bei *A. conica*, aber nie bei *A. gigantea*, *A. lamarcki* und *A. laevis*. Das Stück ZEKELIS, Taf. 7, Fig. 9c, von *A. glandiformis* betrachte ich nicht mehr als zu *A. renauxiana* gehörig, sondern als Jugendform von *A. goldfussi*, da es deren Diagnose eher entspricht.

A. obtusa Delpey non Zekeli ähnelt in der ungewöhnlichen Form der Umgänge eher *A. conica*, ist aber auch von dieser durch geringere Zahl der Umgänge, damit niedrigere Spira und gewölbte Flanken derselben unterschieden; von *A. obtusa* bzw. *A. goldfussi* unterscheidet sie sich außerdem durch beträchtliche schlankere Form.

Vorkommen: Nord-Griechenland, Zlatiborgebirge in Westserbien, Siebenbürgen, Brandenberg in Tirol, Gosaubecken (Wegscheidgraben), Weißwasser in der Laussa, Geröll in Vorderstoder (Coll. Prof. J. KEIL, Wien), Roßleiten, O.-Ö. (Exemplare in der Hauptschule Windischgarsten), Weinberg-Steinbruch östlich Sankt Paul im Lavanttal.

Wandlungen der systematischen Auffassungen von Actaeonellen.

ZEKELI					
Taf.	Fig.	Name	REUSS	STOLICZKA	POKORNY
5	8a–c	*gigantea*	*gigantea*	*gigantea*	*gigantea ventricosa*
6	1	*conica*	*goldfussi*	*conica*	*conica*
6	2		*gigantea*		*gigantea ventricosa*
6	3	*lamarcki*		*gigantea*	
6	4		*goldfussi*		*goldfussi*
6	5				
6	6	*conica*	*goldfussi*	*conica*	*conica*
6	7	*elliptica*	*goldfussi*	*conica*	*goldfussi*
7	1–3	*renauxiana*	*renauxiana*	*gigantea*	*renauxiana*
7	4–5				*renauxiana?*
7	6a–d	*voluta*	*lamarcki*	*lamarcki*	*lamarcki*
7	7	*obtusa*	*goldfussi*	*gigantea*	*goldfussi*
7	8	*rotundata*	gen. *abbreviata?*	*abbreviata*	*Phaneroptyxis abbreviata*
7	9a–b	*glandiformis*	nicht gen.	*gigantea*	*renauxi*
7	9c				*goldfussi*

MUENSTER Taf.	Fig.	Name	REUSS	STOLICZKA	POKORNY
177	10	*lamarcki*	*goldfussi*	*gigantea*	*goldfussi*
177	11	*conica*	*conica*	*conica*	*conica*
177	12	*gigantea*	*lamarcki*	*gigantea*	*gigantea ventricosa*
177	13	*subglobosa*	*gigantea*	*gigantea?*	*gigantea subglobosa*
177	14	*voluta*	*lamarcki*	*conica*	*lamarcki*

5. Versuch einer stratigraphischen Auswertung.

Actaeonellen lebten vom Jura bis ins Obersenon, die alpinen Gosauschichten sind aber nach KÜHN 1947, p. 190, auf das Senon beschränkt. Eine stratigraphische Anwendung unserer Actaeonellen müßte sich also auf diesen engen Zeitraum beschränken. Dabei muß man berücksichtigen, daß Begrenzungen auch durch fazielle Änderungen vorgetäuscht werden können. Das ist ja die Schwierigkeit bei der Beurteilung jedes Leitfossils.

In der Literatur findet man nur wenig verwendbare Angaben, die aber dadurch an Wahrscheinlichkeit gewinnen, daß sie ziemlich gleich aussagen. Schon HAIDINGER erwähnte 1846, p. 47, daß in der Gams *Tornatella voluta* (= *A. lamarcki*) über dem Niveau der *Nerinea bicincta*, der Hippuriten und Sphaeruliten (also Ober-Santon[1]) folge. Ebenso berichtete CZIZEK 1851, p. 123, von Grünbach: „An die Hippuritenkalke mit *Nerinae bicincta* schließt sich eine Schichte mit *Tornatella gigantea* an." Hier ist die Lage ganz sicher, weil bei Grünbach und in der Neuen Welt (Piesting-Ausbildung nach KÜHN 1957, p. 190) die Gosau nicht mit Ober-Turon, wie noch FELIX 1908 annahm, beginnt, auch nicht mit Unter-Coniac, wie nachher angenommen wurde, sondern erst mit dem Ober-Santon. Die Actaeonellenschichten HAIDINGERS und ČJZEKS liegen also in der Santon-Campan-Grenze. PETRASCHEK erwähnt 1941, p. 11, „Rudistenkalk, auch Actaeonellen führend" (wäre Ober-Santon), ich beobachte jedenfalls größere Mengen von *A. gigantea* nur in den Begleitschichten der Kohle!

Aus dem Gosaubecken berichtete REUSS 1851, p. 55, daß im Hippuritenkalk des Brunnlochs (Ober-Santon) *A. gigantea* auftreten und, p. 56, in Mergeln unter dem Hippuritenkalk der Traunwand (Unter-Campan, das an einer Verwerfung gegen den Santonkalk der Traunwand abstößt) *A. laevis*. FELIX erwähnt 1908,

[1] Stratigraphische Angaben nach Prof. KÜHN, da in der betreffenden Literatur noch nicht enthalten.

p. 108, *Volvulina laevis*, p. 254, aus dem Kreuzgraben (nahe der Santon-Campan-Grenze), p. 255—256 aus dem Edelbachgraben, hier auch p. 260 mit *Hippurites oppeli* (Campan), p. 263 am Russberg (Unter-Campan), p. 278—279 aus dem Randotal gegen die Neualpe, wo in grauen Mergeln (Unter-Campan) manche Lagen ganz mit ihr erfüllt sind, p. 280 Anhäufungen auf dem Weg zur Neualpe, p. 281—282 in den Kohlenschichten der Neualpe (alles Unter-Campan, hier von STOLICZKA als *A. obliquestriata* beschrieben), p. 292 im Stöckelwaldgraben (unmittelbar über Ober-Santon), p. 285 bei der Traunwand in den obersten Lagen, über dem Hippuritenhügel (Ober-Santon), p. 287 westlich Russbachsag (Horizont nicht bekannt), p. 282 zusammen mit *Texanites texanus quinquenodosum* (Unter-Santon!), p. 298 im Hochmoosgraben ziemlich hoch (nach Inoceramen Campan), p. 308 im Hofergraben (mit *Inoceramus cf. regularis* = Campan). Mehrere zollgroße Actaeonellen erwähnt FELIX, p. 257, vom Gschröpfpalfen (Ober-Santon), p. 264—265 *A. gigantea* vom Brunnloch (mit Rudisten des Ober-Santons), ebenso, p. 268, aus dem Wegscheidgraben, p. 272 vom Paß Gschütt über dem Obersantonriff, p. 285 *A. conica* von der Traunwand in 1234 m Höhe, aber unter der *A. laevis*-Schichte. WEIGEL, 1937, erwähnt, p. 22, *A. conica* im oberen Unter-Campan (durch *Inoceramus quadratus* bestimmt); p. 15 behauptet er, daß *Volvulina laevis* auf unteren Unteremscher beschränkt sei und begründete dies mit den angeblichen Zusammenvorkommen mit *Hippurites felixi* (Ober Coniac), *H. oppeli* (Campan), *H. colliciatus* also mindestens z. T. falsch bestimmt.

Von St. Wolfgang berichtet REUSS 1852, p. 55, daß in blaugrauen Mergeln (Unterstes Campan) *A. lamarcki* auftrete. Im Brandenberger Tal in Tirol beschrieb SCHULZ 1952, p. 18, große Actaeonellen aus Sandstein unter dem Hippuritenriff, den er aber bereits zum Ober-Santon rechnet und, p. 40, *A. laevis* und *A. conica* aus Sandsteinen, die er zwar als Ober-Santon — Unter-Campan bezeichnet, die aber nach der Lage sicher bereits Unter-Campan sind.

Das Ergebnis innerhalb der Gosauschichten ist dennoch klar. Keine einzige Actaeonella ist aus sicherem Coniac bekannt (die einzige Angabe von WEIGEL 1937, p. 37, ist falsch), keine einzige aus Maastrichtschichten.

Im Ober-Santon dominiert *A. gigantea*, im Campan *A. laevis*, wenn auch ein Vorkommen der ersteren im Unter-Campan, der letzteren im Santon nicht ausgeschlossen ist. Nun bleibt aber zu prüfen, ob die Gosau-Actaeonellenarten nicht auch außerhalb der Alpen und hier auch in weiterer stratigraphischer Verbreitung auftreten.

Tatsächlich hat FRIČ 1911 (z. T. unter Berufung auf WEINZETTL 1910) aus den cenomanen Korycaner Schichten *A. gigantea*, p. 28, Abb. 131, und *A. laevis*, p. 29, Abb. 132, angegeben, WEINZETTL 1910 auch *A. conica*, diese aber nicht abgebildet und auch nicht erkennbar beschrieben. Die Abbildungen zeigen, daß seine *A. gigantea* viel schmäler und höher ist als alle Gosauarten; seine *A. laevis* ist abgebrochen noch immer 40 mm hoch, Mündung und Columellarfalten sind nicht sichtbar, so daß man bezweifeln muß, daß es sich überhaupt um eine Actaeonella handelt. Auch MAMULEA erwähnt 1953 aus Rumänien Cenoman mit Rudisten, Actaeonellen und Transilvanellen (die bisher nur aus dem Senon bekannt waren), diskordant darüber Turon, p. 244 mit *A. gigantea*, *Tornatella* und Hippuriten, p. 245 mit *A. glandiformis* (= *A. renauxiana*) u. a. sowie einer oberen Bank mit *A. lamarcki*. Falls diese Bestimmungen richtig sind, dürfte die ganze Serie bereits ins Senon zu stellen sein. Es soll zwar gerade an dieser Stelle fehlen, könnte aber hier das von GIVULESCU 1954 an anderer Stelle in derselben und weit verbreitet in anderer Fazies nachgewiesene Senon vertreten.

Schwieriger ist eine Erklärung für die Angabe von BRUNN 1956, p. 117, daß in Griechenland *A. obtusa* (= *A. goldfussi*) in Cenoman und, p. 123, *A. cf. renauxiana* im Turon vorkommen; denn der Längsschliff, Fig. 3, Taf. 14, könnte tatsächlich *A. goldfussi* darstellen. Beschreibungen fehlen, bei *A. obtusa* beruft sich BRUNN auf eine Arbeit von Mme. DELPEY-TERMIER 1939, bei *A. renauxiana* auf eine ungenannte russische über den Kaukasus?, die mir beide nicht zugänglich sind. Auch CHOFFAT gibt für seine Actaeonellen turones Alter an.

Daß im Maastrichtien noch Actaeonellen vorkommen, wurde von BINKHORST 1861, p. 83, behauptet. Er beschreibt von Kunraade eine *Actaeonella* spec., allerdings als schlecht erhalten. STOLICZKA bezweifelte 1861, p. 141, sogar deren Actaeonellennatur, ebenso wie bei der von ROEMER 1852, p. 43, *Actaeonella* s. s. aus Maastricht. Aus den Alpen sind keine Vorkommen im Maastrichtien bekannt.

Dagegen sind aus dem Maastricht der Pyrenäen Actaeonellen bekannt. HOLZAPFEL beschrieb ferner 1888 aus dem Aachener Sand neben *A. cretacea* Mueller auch, p. 82, *A. gigantea* und, p. 83, *A. laevis*. Beide sind sehr schlecht erhalten, stimmen aber im Horizont (Santon) mit den Gosauvorkommen überein.

So stimmt die Beschränkung der Gosauacteonellen auf Santon-Campan auch außerhalb der Alpen, bis auf die ungeklärten Vorkommen in Portugal, Griechenland, im Kaukasus und in Vorderasien (Libanon). Auffallend ist jedenfalls, daß aus dem alpinen Coniac keine Acteonellen bekannt sind, obwohl dort faziell dieselben Gesteine auftreten (Rudistenkalke, bituminöse Schichten) wie im Obersenon. Das Verschwinden im Maastricht dürfte dagegen mit der allgemeinen faziellen Änderung zusammenhängen.

6. Ökologische Folgerungen.

a) Erhaltungszustand: Vollkommen erhaltene Exemplare sind sehr selten. Schon SOWERBY hat für *A. gigantea* und *A. lamarcki* stark beschädigte Stücke abgebildet, offenbar weil ihm keine besseren zur Verfügung standen. Und REUSS stellte 1853, p. 15, fest: „Sehr erschwert, ja mitunter unmöglich gemacht, wird die Untersuchung mancher so nahe verwandter Formen durch das beinahe beständige Zerstörtsein der embryonalen Windungen — des Nukleus —, auf deren große Bedeutung BEYRICH neuerdings mit Recht aufmerksam gemacht hat." Im ältesten Teil der Schale, der Spira, die bei der Untergattung *Trochacteon* herausragt, kann die chemische, mechanische und organische Zerstörung von Anfang der Schalenbildung an beginnen. Bohrende Organismen konnten hier am frühesten ansetzen und der Befall durch Bohralgen wurde tatsächlich hier am weitaus reichsten beobachtet. Bei der Einbettung ins Sediment genügt dann bereits ein geringer Druck, damit die Spitze, wenn sie nicht schon durch das Rollen im Wellenschlag abgerieben war, abbricht.

Die Methode von HOYNOS, die Bestimmung nach dem Verhältnis von Höhe zu Breite (unter Berücksichtigung der letzten Windung) vorzunehmen, ist ungangbar. Ich habe sie an Längsschnitten durchgeführt; denn die dunkle Füllmasse ist leicht von der hellen Kalkmasse zu unterscheiden, so daß man leicht den fehlenden obersten Teil des Gewindes ergänzen und den Apikalwinkel messen kann.

Oft waren die Gehäuse verdrückt und zerbrochen (Taf. 2, Fig. 6). Doch kam auch, was bei so dicken Gehäusen auffällig erscheint, bruchlose Deformation vor.

b) Natürliche Färbung? Einzelne, seltene Exemplare waren durch eine dunkle, meistens aber hellbraune Färbung der äußersten Schalenschicht ausgezeichnet, die auch die Zuwachslinien deutlich zeigte. Man pflegt solche Färbungen mit Zuwachszeichnung als erhaltene „natürliche Färbung" zu bezeichnen, wie es OPPENHEIM und DOUVILLÉ bei anderen Mollusken taten. Es ist aber auffällig, daß diese Färbung nur in bituminösen Lagen auftritt, am relativ häufigsten in den kohleführenden Schichten von Brandenberg; dies spricht eher für die Auffassung von KÜHN 1958, nach dem diese Färbung von eingewandertem Bitumen stammt. Bei den verkieselten Actaeonellen, bei denen G. DELPEY (1940, p. 234, Taf. 11 Fig. 11—12) eine Schale in „rouge-clair" mit einer Zeichnung „brun-manganèse" erwähnte, dürfte die Farbentstehung anderer Natur sein.

c) Schalenzeichnung: Auf einem guterhaltenen Stück von *A. lamarcki* wurde ein sehr bezeichnendes Zickzack-Muster der äußersten Schalenschicht beobachtet (Taf. 2, Fig. 7). Ein solches Muster wurde zum ersten Male von G. DELPEY 1940, Taf. 11, Fig. 12 und Abb. 183—184, und TERMIER 1952, Abb. 197, 198 (kop. DELPEY 1940), bei *A. ghazirensis* Delpey abgebildet. In beiden Fällen handelt es sich um besonders guterhaltene Stücke. Diese Zeichnung dürfte demnach bei Acteonellen verbreiteter gewesen und nur durch die Fossilisationsverhältnisse zerstört worden sein.

d) Einbettung im Sediment: So guterhaltene Stücke sind aber, wie früher ausgeführt, sehr selten. In der Regel liegen sie im Sediment nicht in natürlicher Stellung, etwa mit parallelen Gehäuseachsen, sondern selbst da, wo sie massenhaft und als einzige Fossilien auftreten (z. B. in den Begleitschichten der Grünbacher-Kohle oder im „Schneckengartel" bei Dreistetten), ganz durcheinander, mit den Gehäuseachsen nach allen Richtungen, selbst verkehrt. Die Gehäuse wurden also postmortal vom Wellenschlag um- und durcheinandergeworfen, wie es auch in manchen Rudistenvorkommen der Fall ist. Oft findet man im Sediment abgerollte Stücke, obwohl in Schichten, in denen sie offenkundig gelebt haben, oder auch nur Bruchstücke.

Besonders interessant ist das Vorkommen bei Kaltenleutgeben (und auf sekundärer Lagerstätte bei Perchtoldsdorf), wo zwar annähernd vollständige, aber ganz verdrückte und zerbrochene Exemplare gefunden wurden. Auch aus Brandenberg liegt ein vollständiges, aber breit gequetschtes und von zahlreichen Brüchen durchsetztes Stück vor (Taf. 2, Fig. 6). In allen diesen Fällen ist offenbar der Druck des rasch wachsenden Sedimentes die Ursache von Deformation und Zerbrechen. Denn eine Verschiebung an den Bruchflächen, wie sie bei tektonischer Deformation zu erwarten wäre, ist in keinem dieser Fälle zu beobachten.

e) Bohralgen: In *A. gigantea* wurden häufig Bohralgenspuren, und zwar weitlumige Formen, die nur selten dichotom verzweigt sind, beobachtet. Sie erinnern nach freundlicher Mitteilung von Dr. BERNHAUSER an Bohrgänge der Grünalge *Hyella*, die rezent aus Adria und Atlantik bekannt ist; doch sind unsere Gänge breiter und wesentlich seltener, auch mehr engwinkelig verzweigt.

f) Bohrschwammspuren: Wesentlich länger als jene von Bohralgen sind die Bohrlöcher von Schwämmen (*Vioa = Cliona*) bekannt, besonders bei Mollusken. Schon in den ältesten Arbeiten sind sie zu erkennen, z. B. auf den Tafeln von DOUVILLÉ in Rudisten. ABEL hat 1935, p. 491, Abb. 417, eine von einem Bohrschwamm fast ganz zerstörte Schneckenschale aus den Gosauschichten von Grünbach (von ABEL als *Omphalia* bezeichnet, in Wirklichkeit *Glauconia*) dargestellt. SCHREMMER behandelte die Erscheinung dann ausführlich an Acteonellen von „Länd bei Lunz" und bestimmte den Bohrschwamm als *Cliona aff. vastifica*.

g) Salzgehalt: Seit langem ist die Brackwassernatur der acteonellenführenden Gosauschichten bekannt[1]. CZJZEK hat schon 1851, p. 123, darauf hingewiesen, daß Acteonellen bei Grünbach hauptsächlich in der Nähe von Kohlenflözen auftreten. Sie sind auch heute dort besonders im Hangenden der Kohle, in grauen, sandigen Mergeln häufig und die einzigen Fossilien, werden aber auch in tieferen Schichten gefunden. Niemals treten sie dagegen in der Kohle selbst auf. Im Brandenbergertale in Tirol findet man sie auch in bituminösen Schichten, aber auch nicht in der Kohle. STOLICZKA schildert 1860, p. 93, den Lebensbereich der Acteonellen: „Die Vergesellschaftung von Thieren deutet auf ein Gemisch von Land- und Süßwasser- und Meeres- oder wenigstens Brackwasser-Bewohnern hin; vielleicht berechtigt sie zu der Vermutung, daß so wie das Genus *Cerithium* Adans., so auch die Gattung *Acteonella* D'Orb. Arten umschlossen habe, welche in gemischten Wässern von geringerem Salzgehalt zu leben imstande waren." ZITTEL aber äußert sich im Handbuch der Paläontologie nur kurz: „Acteonellenschichten der Gosau sind als brackisch anzusehen." Ähnlich REPELIN 1902, HOJNOS 1921, p. 98, ZAPFE 1937, p. 115.

Vielfach werden hiebei Acteonellen und Nerineen gemeinsam betrachtet, z. B. von ZAPFE. In ihrer Einstellung zum Salzgehalt des umgebenden Wassers besteht aber offenbar ein gewisser Unterschied[2]. Wo die Nerineen sehr groß werden, fehlen die Acteonellen entweder ganz wie im Lattengebirge oder sie sind relativ klein wie in der Gams bei Hieflau und in Brandenberg (hauptsächlich *A. lamarcki*).

Nerineen findet man mit Rudisten zusammen, Acteonellen niemals. Acteonellen findet man in bituminösen Begleitschichten der Kohle, Nerineen niemals. So stimmen Lebensbereich und

[1] Nur D'ORBIGNY bezeichnet die Acteonellen 1842, p. 106, als Bewohner von „mers profondes".

[2] Dazu vgl. TIEDT 1958, p. 513–514.

Entwicklungsoptimum der beiden Gastropodengruppen innerhalb des weiten Brackwasserbereiches nicht ganz überein. Jene der Nerineen liegen bei einem höheren Salzgehalt als jene der Acteonellen.

Damit stimmt auch die stratigraphische Verbreitung der Acteonellen überein: weiteste Verbreitung in den kohlebildenden Regressionsphasen des Unter-Campan, sporadisches Auftreten (in der Nähe von Flußmündungen?) in den übrigen Schichten. Die Nerineen haben dagegen eine weitere Verbreitung, selbst in rein marinen Ablagerungen.

h) Lichtverhältnisse: Das Auftreten von Grünalgen in den Schalen von Actaeonellen ist nur im Lichtbereich möglich. Da die Schneckenschalen infolge ihrer Schwere nicht etwa postmortal aufwärts gedriftet werden können, kommt nur ein Leben im Lichtbereich in Betracht. D'ORBIGNYS Auffassung von „mers profondes" als Lebensraum der Actaeonellen (1842, p. 106) ist also unhaltbar. Sie mußten sogar in sehr seichtem Wasser leben, denn in dem schlammigen Wasser, auf das ihr Einbettungssediment, die Abwesenheit von Korallen, Rudisten usw. deuten, konnte das Licht auch nicht in normale Tiefen eindringen.

i) Der Lebensbereich der Actaeonellen waren daher sehr seichte (Bohralgen) Buchten mit schlammigem Wasser (toniges bis feinsandiges Sediment) in der Nähe von Flußmündungen. Nur zeitweise (Unter-Campan) kam es infolge der Regression zu allgemeiner Verbrackung und dann auch zur Entstehung von weiterverbreiteten Actaeonellenbänken. Doch herrschte kräftigere Wasserbewegung (postmortales Umwerfen der Gehäuse), auch Sauerstoff wurde genug geliefert (Dicke der Schale).

j) Lamellenbildung in der Schale. Sekundäre Schalenverdickung durch Anlagerung neugebildeter Kalklamellen wurde bei Actaeonellen noch nicht beschrieben. Ich fand sie bei vielen Stücken, vorausgesetzt, daß die Schale noch ursprünglich erhalten und nicht umkristallisiert war. Ein Längsschnitt von *Actaeonella gigantea* Sow. auf Taf. 2, Fig. 5, zeigt, daß die Lamellenbildung nicht an den Seitenwänden der einzelnen Windungen eintritt, sondern nur an der der Außenwelt zugekehrten oberen Schmalseite. Er zeigt ferner, daß die Lamellen nicht nur aus parallelen Bögen bestehen, sondern daß auch mindestens in den Zwischenräumen zwischen den einzelnen Lamellen radiale Bauelemente auftreten, die geeignet sind, die Lamellen bei Druckbeanspruchung zu stützen.

Die ersten Windungen sind von diesen Lamellen zum größten Teil erfüllt. Sie entsprechen daher der Abkapselung älterer Windungen, wie man sie bei Gastropoden häufig findet.

Jedenfalls kann der Kalkgehalt des Wassers nicht gering gewesen sein, wenn eine so reichliche Kalkabsonderung möglich war. Schon die Dickschaligkeit aller Actaeonellen spricht für hohen Kalkgehalt des Lebensraumes.

Zusammenfassung.

1. Für eine Stellung der Actaeonelliden in die Prosobrabchier und ihre Ableitung von den Itieriden werden Gründe beigebracht.

2. *Tornata* Quenstedt ist synonym mit *Trochactaeon*.

3. Die Gattungen *Acteonella* (D'Orb.) Meek und *Trochactaeon* Meek werden als Untergattungen von *Acteonella* s. l. betrachtet.

4. *A. laevis* Weinzettl, *A. laevis* Frič sowie *A. caucasica* Zekeli gehören nicht zu *A. laevis* Sow.

5. *A. gigantea* Sow. wird in drei Unterarten, *A. gigantea gigantea*, *A. gig. ventricosa* Hojnos und *A. gig. subglobosa* Muenst. gegliedert. *A. gigantea* Weinzettl und *A. gigantea* Frič gehören nicht zu dieser Art.

6. *Acteonella* (*Transilvanella*) *lamarcki* aus Siebenbürgen (Athanasiu) gehört nicht zu dieser Art, sondern zu *Phaneroptyxis abbreviata* (Phil.), *A. voluta* Muenst. gehört, im Gegensatz zu Stoliczka, zu *A. lamarcki*.

7. *A. elliptica* und *A. obtusa* gehören zu *A. goldfussi* D'Orb. Die weitergehenden Zusammenziehungen von Stoliczka werden abgelehnt.

8. In den Alpen sind die Acteonellen auf Santon (wahrscheinlich nur Ober-Santon) und Campan beschränkt, *A. laevis* hat ihre Hauptverbreitung im Unter-Campan, die Trochacteonarten haben sie im Ober-Santon. Im alpinen Coniac fehlen Acteonellen, obwohl die Faziesverhältnisse nicht sehr verschieden sind. Das angegebene Vorkommen von Gosauacteonellen im außeralpinen Cenomen-Turon wird daher bezweifelt.

9. Bohralgen werden in Acteonellenschalen erstmalig beschrieben.

10. Die Acteonellen lebten in seichtem, schlammigem aber bewegtem Wasser, in der Nähe von Flußeinmündungen und im Brackwasser.

11. Im oberen Teil der Acteonellenschalen wurde eine eigenartige Lamellenstruktur beobachtet, die bei Acteonellen allgemein sein dürfte.

Literaturverzeichnis.

ABEL, O.: Vorzeitliche Lebensspuren. — 644 S. Jena 1935.

ALBRECHT, J.: Paläontologische und startigraphische Ergebnisse der Forschungsreise nach Westserbien. — Denkschr. Akad. Wiss., math.-nat. Kl. *99*, 289—307, 1 Taf. Wien 1924.

ATHANASIU, I. S.: Etudes géologiques dans les environs de Tulghes. — Anuarul Inst. geol. Romaniei *13*, 373—512. Bukarest 1929.

BERNHAUSER, A.: Über *Mycelites ossifragus* Roux. Auftreten und Formen im Tertiär des Wiener Beckens. — Sitz.-Ber. Österr. Akad. Wiss., math.-nat. Kl. I, *162*, 119—127. Wien 1953.

BOEHM, G.: Beiträge zur Kenntnis der Kreide in den Südalpen. I. Die Schiosi- und Calloneghe-Fauna. — Palaeontographica *41*, 81—148, Taf. 8 — 15. Stuttgart 1895.

BRUNN, J. H.: Contribution à l'étude géologique du Pinde septentrional et d'une partie de la Macédoine occidentale. — Ann. géol. pays Helleniques (1), *7*, 358 S., 20 Taf. Athen 1956.

CHOFFAT, P.: Recueil d'études paléontologiques sur la faune crétacique du Portugal. — Comm. Serv. géol. de Portugal, 171 S., 18 Taf. Lisbonne 1886—1902.

CHUBB, L. J.: Upper Cretaceous of Central Chiapas, Mexico. — Bull. Amer. Assoc. Petroleum Geologists *43*, 727—756. Tulsa 1959.

CIRIC, M. B.: Faune crétacée des environs de Titov Veles. — Bull. Mus. Hist. nat. pays Serbe (A), *5*, 249—276, Taf. 2—10. Beograd 1952.

COSSMANN, M.: Essais de Paléoconchologie comparée. — *1*, 159 S., 7 Taf. Paris 1895.

— Essais de Paléoconchologie comparée. — *2*, 179 S., 5 Taf. Paris 1896.

— Observations sur quelques coquilles crétaciques recueillies en France. — Assoc. francaise *25*. Carthage 1896.

CZJZEK, J.: Die Kohle in den Kreideablagerungen bei Grünbach, westlich Wiener Neustadt. — Jb. Geol. Reichsanst. *2*, 2. Heft, 107—123. Wien 1851.

DACQUÉ, E.: Mittheilungen über den Kreidecomplex von Abu Roash bei Kairo. — Palaeontographica *30*/2, 337—392, Taf. 34—36. Stuttgart 1903.

— Zur systematischen Speziesbestimmung. — Neues Jb. Min. usw. Beil.-Bd. *22*, 639—685, Taf. 18—19. Stuttgart 1906.

— Vergleichende biologische Formenkunde der fossilen niederen Tiere. — 777 S. Berlin 1921.

— Wirbellose der Kreide. — Die Leitfossilien *8*, 102 S., 52 Taf. Berlin 1921.

DELPEY, G.: Les Gastéropodes mesozoiques de la région libanaise. — Notes et Mém. Haut-Commissariat Rep. Francaise en Syrie et au Liban *3*, 5—292, Taf. 1—11. Paris 1940.

FELIX, J.: Studien über die Schichten der oberen Kreideformation in den Alpen und Mediterrangebieten. II. Die Kreideschichten bei Gosau. — Palaeontographica *54*, 251—343, Taf. 25—26. Stuttgart 1908.

FRIĆ, A.: Illustriertes Verzeichnis der Petrefacten der cenomonen Korycaner Schichten. — Arch. naturwiss. Landesdurchforschung Böhmen *15*, Nr. 1, 101 S. Prag 1911.

GIVULESCU, R.: Contibutioni la cuneoastra fauni cretacicului superior dela Borod-Cornitel. — Acad. R. P. Romine, Filiala Cluj *2*, 1—4. Cluj 1951.

— Contributioni la studiul cretacicului superior din Bezinul Boradului. — Acad. R. P. Romine, Filiala Cluj, 173—218. Cluj 1954.

GOLDFUSS, A.: Petrefacta Germaniae. — *3*, Düsseldorf 1826—1833.

GRENGG, R. u. WITEK, F.: Kleine Beiträge zur Geologie des Randgebirges der Umgebung von Perchtoldsdorf. — Verh. Geol. Reichsanst., 420—429. Wien 1913.

GUEMBEL, C. W.: Geognostische Beschreibung des bayerischen Alpengebirges und seines Vorlandes. — 950 S. 42 Taf., Gotha 1861.

HAIDINGER, W.: Mittheilungen an Geheimrat von Leonhard. — N. Jb. Min. usw. (Leonhard u. Bronn), 45—48. Cassel 1846.

HILTERMANN, H.: Klassifikation der natürlichen Brackwässer. — Erdöl und Kohle *2*, 4—8. Hamburg 1949.

HOJNOS, R.: Oberkretazische Gasteropoden aus dem Komitate Arad. — Földtani Közleny *50*, 89—98, Taf. 1. Budapest 1921.

HOLZAPFEL, E.: Mollusken der Aachener Kreide. — Palaeontographica *34*, 29—72, Taf. 4—5 (1887), 73—180, Taf. 6—21 (1888). Stuttgart 1887/88.

KLINGHARDT, F.: Das Geologische Alter der Riffe des Lattengebirges —. Z. Deutsch. Geol. Ges. *91*, 131—140, Taf. 2—3. Berlin 1939.

— Das Krönner Riff im Lattengebirge. — Mitt. Geol. Ges. *35*, 179—213, Taf. 1—5. Wien 1942.

KÜHN, O.: Das Danien der äußeren Klippenzone bei Wien. — Geol. Pal. Abh. N. F. *17*, Heft 5, 80 S., 2 Taf. Jena 1930.

— Zur Stratigraphie und Tektonik der Gosauschichten. — Sitz.-Ber. Österr. Akad. Wiss., math.-nat. Kl. I, *156*, 181—200. Wien 1947.

— Diskussionsbemerkungen über Erhaltung natürlicher Farben. — Palaeont. Z. *32*, S. 5. Stuttgart 1958.

MACOVEI, G. u. ATHANASIU, I.: L'evolution géologique de la Roumanie. — Crétacé. — An. Inst. geol. Romaniei *16*, 1—218. Bukarest 1933.

MAMULEA, A.: Geologische Untersuchungen in der Gegend Sinoetru-Pui (Hatzeg). — Ann. Com. geol. *25*, 210—271, Taf. 1. Bucuresti 1953.

MEEK, F. B.: Remarks on the family Actaeonidae, with description of some new genera and sub-genera. — American Journ. sci. and arts (2), *35*, 84—94. New Haven 1863.

MITZOPOULOS, M.: Erster Nachweis von Gosauschichten in Griechenland. — Sitz.-Ber. Österr. Akad. Wiss., math.-nat. Kl. I, 79—93, 2 Taf. Wien 1959.

PAUL, K. M.: Ein geologisches Profil durch den Anninger bei Baden im Randgebirge des Wiener Beckens. — Jb. geol. Reichsanst. *11*, 11—16. Wien 1860.

PETRASCHECK, W.: Die Gosau der Neuen Welt bei Wiener Neustadt, ein Steinkohlenschurfgebiet der Ostmark. — Berg- u. Hüttenmänn. Monatsh. *80*, 9—16, Wien 1941.

QUENSTEDT, F. A.: Petrefactenkunde Deutschlands. — *7*, Gastropoden, 867 S., 34 Taf. Leipzig 1884.

REUSS, A. E.: Die Versteinerungen der böhmischen Kreideformation. — *58*, 140 S., 51 Taf. Stuttgart 1845/46.

REUSS, Geologische Untersuchungen im Gosauthale im Sommer 1851. — Jb. Geol. Reichsanst. *2*, Heft 4, 52—60. Wien 1851.

— Kritische Bemerkungen über die von Herrn ZEKELI beschriebenen Gastropoden der Gosaugebilde in den Ostalpen. — Sitz.-Ber. Österr. Akad. Wiss., math.-nat. Kl. *11*, 882—920, Taf. 1. Wien 1853.

ROMAN, F. u. MAZERAN, P.: Mon graphie paléontologique de la faune du Turonien d'Uchaux et de ses épendances. — Arch. Mus. Hist. nat. *12*, Nr. 2, 138 S., 11 Taf. Lyon 1 0.

ROSENBERG, G.: Bericht aus n nördlichen und südlichen Kalkalpen. A. Die Actaeonellenkalke von Kaltenleutgeben. — Verh. geol. Bundesanst., 165—170. Wien 1956.

SCHREMMER, F.: Bohrschwammspuren in Actaeonellen. — Sitz.-Ber. Österr. Akad. Wiss., math.-nat. Kl. I. *163*, 297—300, 1 Taf. Wien 1954.

SCHULZ, O.: Neue Beiträge zur Geologie der Gosauschichten des Brandenberger Tales. — N. Jb. Geol. usw. Abh. *95*, 1—98, 6 Taf. Stuttgart 1952.

SCUPIN, D.: Die Löwenberger Kreide und ihre Fauna. — Palaeontographica, Supplement-Bd. *6*, 276 S., 15 Taf. Stuttgart 1912—1913.

SOWERBY, J. D. C. in SEDGWICK, R. A. and MURCHISON, R. I.: A sketch of the structure of the Eastern Alps. — Trans. geol. Soc. (2), *3*, 301—420, Taf. 35—40. London 1831.

STOLICZKA, F.: Über eine der Kreideformation angehörige Süßwasserbildung in den nordöstlichen Alpen. — Sitz.-Ber. Österr. Akad. Wiss., math.-nat. Kl. *38*, 482—499, 1 Taf. Wien 1860.

— in STUR, D.: Bericht über die geologischen Übersichtsaufnahmen des Südwestlichen Siebenbürgen im Sommer 1860. — Jb. geol. Reichsanst. *13*, 33—120. Wien 1863.

— Eine Revision der Gastropoden der Gosauschichten in den Ostalpen. — Sitz.-Ber. Österr. Akad. Wiss., math.-nat. Kl. *52*, 104—223, 1 Taf. Wien 1865.

TERMIER, H. et G.: Gasteropodes. — In PIVETEAU: Traité de Paläontologie *2*, 365—460. Paris 1952.

TIEDT, L.: Die Nerineen der Gosauformation. — Sitz. Ber. Österr. Akad. Wiss., math.-nat. Kl. I, *167*, 483—517, 3 Taf. Wien 1958.

WÄHNER, F. u. SPENGLER, E.: Das Sonnwendgebirge im Unterinntal *2*. 200 S., 28 Taf. Wien 1935.

WEIGEL, O.: Stratigraphie und Tektonik des Beckens von Gosau. — Jb. geol. Bundesanst. *87*, 11—40, Taf. 2. Wien 1937.

WEINZETTL, K.: Gastropoda českeho Kridoveho utvaru. — Palaeontographica Bohemiae *8*. 56 S., 7 Taf. Prag 1910.

ENZ, W.: Gastropoda. — Handbuch d. Palaeozool. *6*/1. 1639 S. Berlin 1938.

ZAPFE, H.: Paläobiologische Untersuchungen der Hippuritenvorkommen der nordalpinen Gosauschichten. — Verh. zool.-bot. Ges. *86*/*87*, 73—124. Wien 1937.

ZEKELI, F.: Die Gastropoden der Gosaugebilde. — Abh. Geol. Reichanst. *1*, Abt. 2, Nr. 2. 124 S., 24 Taf. Wien 1852.

ZILCH, A.: Gastropoda II, Euthyneura. — Handb. Paläozool. *6*/2, 1. Liefg., 200 S. Berlin 1959.

Papp A. und Küpper K.: Über Stolonen von Auxiliarkammern bei Orbitoides und Lepidorbitoides (mit 1 Tafel). S 4.—

Papp A. und Küpper K.: Die Foraminiferenfauna von Guttaring und Klein St. Paul (Kärnten). III. Foraminiferen aus dem Campan von Silberegg (mit 3 Tafeln). S 11.30

Sieber R.: Eozäne und oligozäne Makrofaunen Österreichs. S 8.50

1954 (S I Bd. 163):

Bachmayer F.: Zwei bemerkenswerte Crustaceen-Funde aus dem Jungtertiär des Wiener Beckens (mit 1 Tafel). S 6.60

Janetschek H.: Ein neues inneralpines Nunatakrelikt aus einer für die Alpen neuen Gattung (Ins., Thysanura) (mit 12 Textabbildungen). S 5.20

Obritzhauser-Toifl, Hertha: Pollenanalytische (palynologische) Untersuchungen von mehreren organischen Substanzen (mit 6 Textabbildungen). S 30.—

Schremmer F.: Bohrschwammspuren in Actaeonellen aus der nordalpinen Gosau (mit 1 Tafel). S 3.80

Strouhal H.: Isopodenreste aus der altplistozänen Spaltenfüllung von Hundsheim bei Deutsch-Altenburg (Niederösterreich) (mit 7 Textabbildungen und 2 Tafeln). S 10.30

Tollmann A.: Die Gattungen Lingulina und Lingulinopsis (Foraminifera) im Torton des Wiener Beckens und Südmährens (mit 2 Tafeln). S 9.90

Zapfe H.: Die Fauna der miozänen Spaltenfüllung von Neudorf a. d. March (ČSR.). Proboscidea (mit 2 Textabbildungen und 2 Tafeln). S 12.30

1955 (S I Bd. 164):

Bachmayer F.: Die fossilen Asseln aus den Oberjuraschichten von Ernstbrunn in Niederösterreich und von Stramberg in Mähren (mit 9 Textabbildungen und 6 Tafeln). S 26.60

Beier M.: Insektenreste aus der Hallstattzeit (mit 4 Abbildungen und 2 Tafeln). S 6.40

Herre W.: Die Fauna der miozänen Spaltenfüllung von Neudorf a. d. March (ČSR.), Amphibia (Urodela) (mit 6 Textabbildungen). S 14.80

Kühn O.: Die Bryozoen der Retzer Sande (mit 2 Tafeln). S 14.10

Papp A.: Orbitoiden aus der Oberkreide der Ostalpen (Gosauschichten) (mit 3 Tafeln). S 12.20

Papp A.: Die Foraminiferenfauna von Guttaring und Klein St. Paul (Kärnten): IV. Biostratigraphische Ergebnisse in der Oberkreide und Bemerkungen über die Lagerung des Eozäns (mit 4 Textabbildungen). S 12.20

Plöchinger B.: Eine neue Subspezies des Barroisiceras haberfellneri v. Hauer aus dem Oberconiader Gosau Salzburgs (mit 2 Textabbildungen und 1 Tafel). S 4.40

Tollmann A.: Die Foraminiferenentwicklung im Torton und Untersarmat in den Randfazies der Eisenstädter Bucht (mit 1 Textabbildung). S 6.70

1956 (S I Bd. 165):

Bernhauser A.: Kann intravitaler Befall durch Bohrorganismen an fossilen Fischzähnen nachgewiesen werden? (mit 10 Textabbildungen). S 7.60

Thenius E.: Zur Kenntnis der fossilen Braunbären (Ursidae, Mammal.) (mit 5 Textabbildungen und 1 Tafel). S 17.20

Thenius E.: Die Suiden und Thayassuiden des steirischen Tertiärs. Beiträge zur Kenntnis der Säugetierreste des steirischen Tertiärs. VIII. (mit 31 Textabbildungen). S 25.—

1957 (S I Bd. 166):

Ehrenberg K.: Berichte über Ausgrabungen in der Salzofenhöhle im Toten Gebirge. VIII. Bemerkungen zu den Ergebnissen der Sedimentuntersuchungen von Elisabeth Schmid. S 5.80

Schmid Elisabeth: Von den Sedimenten der Salzofenhöhle (mit 1 Textabbildung und 1 Beilage). S 14.—

Zapfe H. und Hürzeler J.; Die Fauna der miozänen Spaltenfüllung von Neudorf a. d. M. (ČSR.). Primates (mit 1 Tafel). S 10.20

1958 (S I Bd. 167):

Bakalow P., Kühn N. und Sachariewa K.: Die Trias von Kotel (Ost-Balkan). I. Die unterkarnische Ammonitenfauna von Kotel (mit 4 Textabbildungen und 2 Tafeln). S 20.80

Bobies A. Carl: Bryozoenstudien III 2. Die Horneridae (Bryozoa) des Tortons im Wiener und Eisenstädter Becken (mit 3 Tafeln). S 20.70

Tiedt Liselotte: Die Nerineen der österreichischen Gosauschichten (mit 13 Textabbildungen und 3 Tafeln). S 29.60

GPSR Compliance
The European Union's (EU) General Product Safety Regulation (GPSR) is a set of rules that requires consumer products to be safe and our obligations to ensure this.

If you have any concerns about our products, you can contact us on

ProductSafety@springernature.com

In case Publisher is established outside the EU, the EU authorized representative is:

Springer Nature Customer Service Center GmbH
Europaplatz 3
69115 Heidelberg, Germany

www.ingramcontent.com/pod-product-compliance
Ingram Content Group UK Ltd.
Pitfield, Milton Keynes, MK11 3LW, UK
UKHW021815190726
13853UKWH00003B/1008

* 9 7 8 3 6 6 2 2 4 2 5 9 9 *